城市地下综合管廊工程
建设安全风险管理

张 勇　李慧民　魏道江　著

北　京

冶金工业出版社

2020

内 容 提 要

本书结合城市地下综合管廊建设的发展趋势，以为工程实践提供理论指导为目标，对城市地下综合管廊安全风险管理基本理论、项目前期安全风险管理、管廊事故安全风险产生机理、管廊施工安全风险评价、管廊施工安全控制措施、管廊运维安全风险管理，以及基于 BIM 的城市地下综合管廊安全风险管理信息化建设进行了详细阐述。

本书可供城市地下管廊建设工程设计单位、建设单位、施工单位以及监理单位等相关人员阅读，也可供高等院校相关专业的师生参考。

图书在版编目(CIP)数据

城市地下综合管廊工程建设安全风险管理/张勇，李慧民，魏道江著 . —北京：冶金工业出版社，2020. 10

ISBN 978-7- 5024-5077-9

Ⅰ. ①城… Ⅱ. ①张… ②李… ③魏… Ⅲ. ①市政工程—地下管道—管道工程—安全管理—风险管理—研究 Ⅳ. ①TU990. 3

中国版本图书馆 CIP 数据核字(2020)第 169603 号

出 版 人　苏长永
地　　　址　北京市东城区嵩祝院北巷 39 号　邮编　100009　电话　(010)64027926
网　　　址　www. cnmip. com. cn　电子信箱　yjcbs@ cnmip. com. cn
责任编辑　杨　敏　美术编辑　彭子赫　版式设计　禹　蕊
责任校对　郭惠兰　责任印制　禹　蕊
ISBN 978-7-5024-5077-9
冶金工业出版社出版发行；各地新华书店经销；三河市双峰印刷装订有限公司印刷
2020 年 10 月第 1 版，2020 年 10 月第 1 次印刷
169mm×239mm；11. 75 印张；227 千字；176 页
72. 00 元

冶金工业出版社　投稿电话　(010)64027932　投稿信箱　tougao@ cnmip. com. cn
冶金工业出版社营销中心　电话　(010)64044283　传真　(010)64027893
冶金工业出版社天猫旗舰店　yjgycbs. tmall. com
(本书如有印装质量问题，本社营销中心负责退换)

《城市地下综合管廊工程建设安全风险管理》
撰写（调研）组

组　长：张　勇

主　审：李慧民

副组长：魏道江　徐　强

成　员：刘　杰　王雅兰　郭海东　陈　博　段乐婷

　　　　张嘉琛　王祥宇　谢霞霞　康无双　张　方

　　　　史宝团　张然然　刘　萌　高　鸽　刘　静

　　　　袁慧卿　王梦婕　殷　向

前　言

　　综合管廊是城市地下管线综合走廊，即在城市地下建造一个隧道空间，将电力、通信、燃气、供热、给排水等各种工程管线集于一体，并设有专门的检修口、吊装口和监测系统，实行统一规划、统一设计、统一建设和管理，是保障城市运行的重要基础设施，被誉为城市"生命线"。管廊建设是一项复杂的系统工程，其前期建设阶段往往面临各参与方利益博弈、政策标准不完善、设计及规划存在技术难点，而且施工过程与内外部环境相互影响，工程施工安全面临施工周期长、邻近施工、多技术交叉等问题；后期使用阶段又面临不同管线安全运维、信息化技术应用、各管线单位管理及决策等问题，这些不确定性促使我们对城市地下综合管廊安全风险管理进行深入的思考。

　　本书共分为8章，第1章综合梳理了城市地下综合管廊施工工艺特点、管廊建设安全现状；第2、3章基于安全风险管理基本理论，从政府部门、建设单位、勘察单位、设计单位等不同主体角度，系统阐述了城市地下综合管廊项目建设前期的安全风险管理理论；第4章重点总结归纳了城市地下综合管廊施工阶段安全风险的发生机理，针对各类不同施工方法（明挖法、暗挖法、盾构法），识别筛选风险因素并设计安全风险因素辨识表，构建了安全评价指标体系；第5章结合管廊施工安全控制的特点，建立相应的安全风险评估模型，为全寿命周期安全风险的管控提供了科学、系统的理论依据与实用高效的决策工具；第6章结合不同工法的管廊施工案例，系统阐述了安全评价及决策在实际工程中的应用；第7章基于城市地下综合管廊运维阶段安全风险管理的现状，提出了基于贝叶斯网络的安全风险分级，进而对运维阶段的风险管理提出了措施；第8章从实践可操作性角度对城市地下综合管廊全过程安全风险管理信息化建设进行了应用说明。

本书主要由西安建筑科技大学张勇、李慧民，湖北文理学院魏道江撰写。各章撰写分工为：第1章由张勇、康无双、王祥宇、刘萌撰写；第2章由李慧民、刘杰、康无双、高鸽撰写；第3章由魏道江、郭海东、王雅兰、康无双撰写；第4章由张勇、段乐婷、张嘉琛、谢霞霞撰写；第5章由张勇、张嘉琛、段乐婷、谢霞霞撰写；第6章由魏道江、谢霞霞、陈博、刘静撰写；第7章由张勇、王祥宇、张方、史宝团撰写；第8章由徐强、王祥宇、袁慧卿撰写。张勇负责本书的总体框架设计并统稿。

本书内容涉及的有关研究和出版得到了陕西省重点研发计划"湿陷性黄土地区地下综合管廊建设安全风险及关键控制技术研究"（2018ZDXM-SF-096）的支持，同时，西安建筑科技大学、长安大学、湖北文理学院、山东工业职业学院、中国建筑西北设计研究院有限公司、中建西安投资发展有限公司等单位的教师、管理人员和工程技术人员对本书的撰写提供了支持与帮助。在撰写过程中还参考了许多专家和学者的有关研究成果及文献资料，在此一并表示诚挚的感谢！

由于作者水平所限，书中不足之处，敬请广大读者批评指正。

作　者

2020 年 5 月

目　　录

1　城市地下综合管廊安全风险管理基础 ·················· 1

　1.1　城市地下综合管廊概述 ························· 1

　　1.1.1　城市地下综合管廊的基本内涵 ·············· 1

　　1.1.2　城市地下综合管廊的特点 ················· 10

　1.2　城市地下综合管廊建设安全风险现状 ············· 12

　　1.2.1　国内外管廊建设安全事故 ················· 12

　　1.2.2　国内外管廊建设相关政策 ················· 15

　1.3　城市地下综合管廊的发展 ····················· 17

2　城市地下综合管廊安全风险管理基本理论 ············· 18

　2.1　安全风险管理理论 ························· 18

　　2.1.1　安全风险管理基本概述 ················· 18

　　2.1.2　安全风险管理实施程序 ················· 22

　　2.1.3　安全风险管理技术方式 ················· 27

　2.2　工程建设安全风险管理——全寿命周期管理 ······· 30

　　2.2.1　全寿命周期理论 ····················· 30

　　2.2.2　全寿命周期安全风险管理 ··············· 32

3　城市地下综合管廊项目前期安全风险管理 ············· 36

　3.1　政府部门安全风险管理 ····················· 36

　　3.1.1　政策风险 ························· 36

　　3.1.2　环境风险 ························· 37

　　3.1.3　政府干预不当风险 ··················· 38

　3.2　建设单位安全风险管理 ····················· 38

　　3.2.1　资金供应风险 ····················· 38

　　3.2.2　组织管理风险 ····················· 39

　　3.2.3　前期规划研究风险 ··················· 39

　3.3　勘察单位安全风险管理 ····················· 40

3.3.1　勘察质量风险 ……………………………………… 41

3.3.2　勘察成果审核风险 ………………………………… 42

3.4　设计单位安全风险管理 ………………………………… 43

3.4.1　设计方案风险 ……………………………………… 43

3.4.2　施工图设计风险 …………………………………… 44

3.5　施工单位安全风险管理 ………………………………… 44

3.5.1　质量控制风险 ……………………………………… 44

3.5.2　成本控制风险 ……………………………………… 45

3.5.3　进度控制风险 ……………………………………… 46

4　城市地下综合管廊事故安全风险产生机理 …………… 48

4.1　安全事故发生机理分析 ………………………………… 48

4.1.1　事故风险产生机理分析 …………………………… 48

4.1.2　地下管廊施工过程安全风险因素分析 …………… 50

4.1.3　风险事故的动态形成过程分析 …………………… 54

4.2　城市地下综合管廊施工风险因素识别 ………………… 55

4.2.1　明挖法施工安全风险因素识别 …………………… 56

4.2.2　暗挖法施工安全风险因素识别 …………………… 59

4.2.3　盾构法施工安全风险因素识别 …………………… 65

4.3　城市地下综合施工安全风险指标建立 ………………… 67

4.3.1　风险指标建立原则 ………………………………… 67

4.3.2　风险指标建立 ……………………………………… 68

5　城市地下综合管廊施工安全风险评价 ………………… 74

5.1　风险评价方法分析 ……………………………………… 74

5.1.1　风险评价方法概述 ………………………………… 74

5.1.2　评价方法简介 ……………………………………… 74

5.1.3　可拓理论的优势分析 ……………………………… 78

5.2　城市地下综合管廊施工风险物元模型的建立 ………… 79

5.2.1　物元可拓基本理论 ………………………………… 79

5.2.2　物元可拓评价过程 ………………………………… 82

5.3　城市地下综合管廊施工风险可拓分析 ………………… 86

5.3.1　综合管廊施工安全风险等级划分 ………………… 86

5.3.2　基于熵权法的权重计算 …………………………… 87

5.3.3　管廊施工的物元可拓模型 ………………………… 89

6　城市地下综合管廊施工安全控制措施 ······· 92

　6.1　盾构法案例及控制措施 ············· 92

　　6.1.1　工程概况 ··················· 92

　　6.1.2　环境分析 ··················· 92

　　6.1.3　基于可拓的风险分析 ············· 92

　　6.1.4　控制措施 ··················· 97

　6.2　浅埋暗挖法案例及控制措施 ··········· 98

　　6.2.1　工程概况 ··················· 98

　　6.2.2　环境分析 ··················· 98

　　6.2.3　基于可拓的风险分析 ············· 99

　　6.2.4　控制措施 ·················· 103

　6.3　暗挖（顶管）法案例及控制措施 ········ 104

　　6.3.1　工程概况 ·················· 104

　　6.3.2　环境分析 ·················· 106

　　6.3.3　基于可拓的风险分析 ············ 106

　　6.3.4　控制措施 ·················· 111

7　城市地下综合管廊运维安全风险管理 ······· 114

　7.1　城市地下综合管廊运维现状及存在问题 ····· 114

　　7.1.1　城市地下综合管廊运维现状 ········· 114

　　7.1.2　管廊运维阶段风险特点 ··········· 115

　　7.1.3　现存的问题 ················· 117

　7.2　城市地下综合管廊运维阶段安全风险因素辨识 ·· 119

　　7.2.1　风险因素识别方法 ············· 119

　　7.2.2　基于事故树分析的管廊运维风险辨识 ····· 121

　　7.2.3　管廊运维安全风险因素构成分析 ······· 129

　7.3　城市地下综合管廊运维阶段安全风险评价指标建立 132

　　7.3.1　风险评价指标建立原则 ··········· 132

　　7.3.2　风险评价指标构建 ············· 133

　7.4　基于贝叶斯网络的管廊运维安全风险评价过程 ·· 135

　　7.4.1　管廊运维安全风险状态分级 ········· 137

　　7.4.2　管廊运维安全风险分析过程 ········· 138

　7.5　城市地下综合管廊运维安全风险管控措施 ···· 143

　　7.5.1　管廊运维阶段安全事故控制措施 ······· 144

7.5.2　管廊运维安全风险管理体系 ……………………………… 146

8　基于 BIM 的城市地下综合管廊安全风险管理信息化建设 …… 152

8.1　BIM 技术在综合管廊建设各阶段的应用 ………………… 152

8.1.1　BIM 在管廊规划中的应用 ……………………… 152

8.1.2　BIM 在管廊设计中的应用 ……………………… 155

8.1.3　BIM 在管廊施工中的应用 ……………………… 156

8.1.4　BIM 在管廊运维中的应用 ……………………… 159

8.2　管廊安全风险管理信息化平台设计 ……………………… 160

8.2.1　信息化平台构建需求分析 ……………………… 161

8.2.2　信息化平台基本功能定位 ……………………… 162

8.2.3　总体架构设计 ………………………………… 168

8.2.4　关键技术介绍 ………………………………… 169

8.3　管廊安全风险管理系统数据库构建 ……………………… 172

8.3.1　数据库需求分析 ……………………………… 172

8.3.2　数据库设计 …………………………………… 173

8.4　不足与展望 ………………………………………………… 174

参考文献 ………………………………………………………… 175

1 城市地下综合管廊安全风险管理基础

1.1 城市地下综合管廊概述

目前，城市常住人口超饱和、地面建筑空间拥挤、城市绿化面积减少、交通堵塞等现象屡见不鲜，并逐步演变成我国各省市的常态，向地下要土地、要空间已成为城市历史发展的必然。管廊建设是城市地下空间开发利用的重要方式，它不仅有利于降低道路挖掘修补费用，消减施工造成的交通延滞和人员的滞留，还可以防止振动、噪声、污染等工程公害以及因埋设管线的挖掘所造成的事故危险，尤为重要的是可以大力推动城市地下空间有效利用和城市可持续发展，因此受到国家和政府的广泛关注。

1.1.1 城市地下综合管廊的基本内涵

1.1.1.1 管廊概念

综合管廊（utility tunnel）是指建于地下用于容纳两种及以上城市工程管线的构筑物及附属设施[1]。分为干线综合管廊、支线综合管廊、缆线综合管廊等多种形式，可实现对管线的集中统一管理，是城市建设中一种集廊道化、集约化、综合化为一体的基础设施。

1.1.1.2 管廊的发展历史

从世界各国城市地下综合管廊建设时序来看（见图 1.1），管廊自 19 世纪发源于法国的巴黎，至今已有 180 多年的发展历史，此后英国、德国等也开始走上了管廊建设之路，迈入 20 世纪，亚洲的日本、新加坡，北美洲的美国、加拿大等国家，也紧随管廊建设大潮纷纷开始管廊建设，此后管廊在世界范围内开始流行[2]。

图 1.1 城市地下综合管廊建设时间

　　1832 年法国发生霍乱，研究表明城市公共卫生系统建设有助于抑制流行病的发生和传播，1833 年，巴黎诞生了世界上第一条城市地下综合管廊（见图 1.2、图 1.3），建造最开始的设想是包括两条相互分离的水道，分别用于集纳雨水和城市污水，从而使得这个管廊从一开始就拥有排污和泄洪两个用途。其后，在法国进行的"巴黎大改造"中，共修建了 600km 左右的下水道，1894 年政府发布法律，规定将巴黎所有饮用水供应纳入下水道，至此巴黎形成了一个完整的给排水系统，管道内收容安置了包括自来水（饮用水和清洗用的两类自来水）、压缩空气管道、电信电缆以及交通信号电缆等五种管线，这是历史上最早规划建设的管廊形式。

图 1.2　法国巴黎城市地下综合管廊（一）　　图 1.3　法国巴黎城市地下综合管廊（二）

　　美国自 20 世纪 60 年代开始研究管廊，于 1970 年完成了第一条管廊建设，成功实现了除煤气管道外的所有管线都收容在管廊内的目标。1971 年，美国公共工程协会和交通部联邦高速公路管理局基于自身独特城市特点，对管廊建设可行性进行研究，研究结果表明，除了难以明确建设成本之外，从综合技术能力、管理能力、城市未来发展等因素来考虑建设综合管廊都是可行且必要的。现阶段，爱迪生市政管线隧道（consolidated Edison tunnel）是美国较有代表性的管廊，该隧道长约 1554m，深约 67m，收容有 345kV 输配电力缆线、电信缆线、污水管和自来水干线。

　　日本因气候、地形、地质等因素，频繁受到地震、洪涝、火山爆发等自然灾害的侵袭，因此对于地下空间开发利用比较早。1923 年，关东大地震对日本造成了严重影响，为增强城市的防灾抗灾能力，减轻灾后再修建的困难，政府针对地震破坏的大面积管线，在东京都复兴计划中先后试点建设了九段坂、滨町、八重洲 3 处管廊。1926 年，采用盾构施工工法修建了日比谷地下管廊，该管廊埋于地表 30m 以下，全长约 1550m，直径约 7.5m（见图 1.4、图 1.5），这是当时世界上现代化程度最高的城市地下综合管廊之一，承担了东京日比谷地区几乎所有的市政公共服务功能。后来由于建设费用问题，政府没有给予一定财政补贴，导致在很长一段时期内日本管廊的建设发展处于停滞期。

图 1.4 东京日比谷城市地下综合管廊（一） 图 1.5 东京日比谷城市地下综合管廊（二）

直至 1963 年 4 月，日本政府颁布《共同沟特别措施法》，规定了纳入共同沟的管线，明确了管廊建设费用的分摊办法，并在全国各大城市拟定了 5 年期的城市地下综合管廊连续建设计划。在 1991 年正式成立了专门管理管廊的部门，随着工程经验的积累，日本共同沟逐渐形成城市间干线共同沟、新开发区内干线共同沟、供应管共同沟、缆线共同沟 4 种类型，目前日本中央政府以及各都、道、府、县、市及开发区均建有干线共同沟或供应管共同沟。

我国台湾早在 20 世纪 70 年代，由于受到日本的影响，已经产生了建设共同管道（管廊在我国台湾又称为共同管道）的构想，1989 年，因台北市工程施工过程中，经常挖断瓦斯电信等管线，不仅严重堵塞交通，而且给居民的日常生活带来诸多不便。因此，1990 年台北市政府决定设共同管道科，并在 1991 年兴建了台湾地区第一条城市地下综合管廊。

台湾地区的共同管道规划建设具有系统性、综合性的特点，在城市中均衡分布，呈网络状布局。2002 年，我国台湾修正《订定〈共同管道建设基金收支保管及运用办法〉》，制定共同管道建设专项基金制度，保证共同管道建设顺利开展，并在《共同管道法》中以法律形式对台湾地区的共同管道管理体制进行了规定，共同管道的管理实行综合管理与各事业单位专门管理相结合的管理体制。

与西方发达国家相比，我国大陆地区的管廊建设发展稍缓、起步较晚，1958 年对北京天安门广场进行改造时，结合了广场地下空间规划，在广场道路下方建设了一条长约 1076m、宽 3.5~5.0m、高 2.3~3.0m、埋深 7.0~8.0m 的管廊，但当时只容纳了部分市政管线，功能不全，结构相对单一。此后在 1977 年，又规划了一条长约 500m 的管廊，设置有通信电缆、部分污水及给水、电力管道。至此，中国大陆地区的管廊建设便拉开了序幕。

1994 年底，上海在浦东新区建造了两条宽 5.9m、高 2.6m、双孔各长 5.6km，共计 11.2km 的支管综合管廊，这是我国第一条颇具规模的城市地下综合管廊，内部收容了煤气、通信、给水、电力等管线，见图 1-6。管廊整体采用钢筋混凝土矩形结构，横断面由燃气室和电力室两部分组成。其中电力室内敷设了 8 根 35kV 电力电缆束，18 根通信电缆以及 1 根给水管道。除此之外，管廊内还配套了完善的安全附属设施，如：照明系统、闭路电视监视系统、通信广播系统、通风系统、氧气检测系统、火灾检测报警系统、中央计算机数据采集与显示系统等。

图 1.6 上海浦东地下综合管廊

随着 2015 年国务院办公厅下发《关于推进城市地下综合管廊建设指导意见》，许多城市掀起了地下综合管廊建设热潮，全国共有 25 个城市被选为地下综合管廊试点城市，包括 2015 年第一批十个城市：包头、沈阳、哈尔滨、苏州、厦门、十堰、长沙、海口、六盘水、白银，以及 2016 年第二批十五个城市：郑州、广州、石家庄、四平、青岛、威海、杭州、保山、南宁、银川、平潭、景德镇、成都、合肥、海东。各个试点城市依据自身地形地貌、未来人口发展等因素，结合城市长期发展规划，快速地做出了至 2018 年为止的短期管廊建设规划以及至 2020 年、2030 年的中长期建设规划，如图 1.7、图 1.8 所示。

图 1.7 管廊试点城市短期规划里程

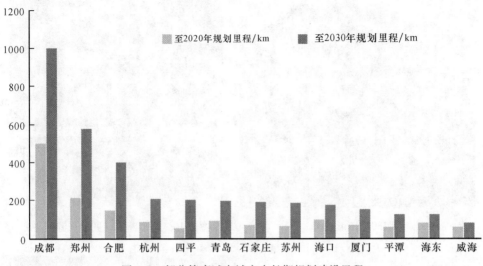

图 1.8 部分管廊试点城市中长期规划建设里程

截止 2020 年底，仅陕西省建成并投入运营的城市地下综合管廊预计达 100km 以上，据推测，我国大陆地区管廊建设到 2030 年将遍及全国 100 多个大中城市，这也意味着我国管廊建设将要高速进入蓬勃发展时期。

1.1.1.3 管廊分类

城市地下综合管廊具有诸多分类标准，其中以断面形式、舱室多少、使用功能、施工工法、施工工艺分类的居多，具体可细分为如下：

（1）按断面形式分类。城市地下综合管廊按照横断面形式的不同可划分为矩形断面、圆形断面、异形断面，如图 1.9、图 1.10 所示，不同的断面形式适用于不同的施工工法，其中以矩形断面的空间利用率最高，其具体特点如表 1.1 所示。

表 1.1 管廊不同断面形式特点

管廊类型	特 点
矩形断面	管线敷设方便，建设成本低，空间利用率高，维修操作简单，一般多适用于新开发区、新建道路等空旷的区域
圆形断面	比矩形断面的利用率低，建设成本较高，不同市政管线之间易干扰，管线部门之间难协调，一般用于支线型和缆线型管廊
异形断面	近似于圆弧的拱形，抗震能力强，管线铺设受截面尺寸限制大

（2）按舱室多少分类。根据管廊舱室的数量差异，可以分为多舱（两个及以上舱室）城市地下综合管廊和单舱城市地下综合管廊，如图 1.11、图 1.12 所示。

图 1.9 矩形断面

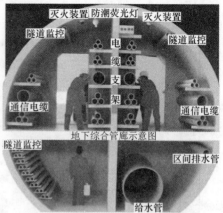

图 1.10 圆形断面（图片来源网络）

图 1.11 多舱综合管廊

图 1.12 单舱综合管廊

（3）按使用功能分类。按照使用功能类型，可将城市地下综合管廊分为干线、支线和缆线三种类型（见图 1.13~图 1.15），这三种类型具体特点如表 1.2 所示。

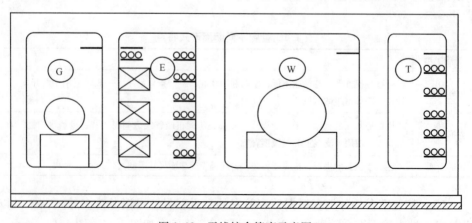

图 1.13 干线综合管廊示意图

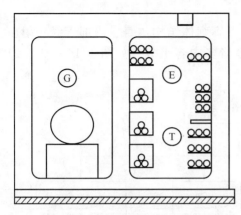

图 1.14 支线综合管廊示意图

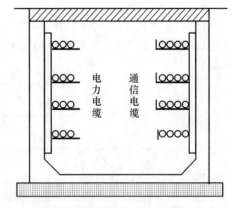

图 1.15 缆线综合管廊示意图

表 1.2 综合管廊不同类型特点

类型	特 点
干线综合管廊	采用独立分舱形式建设，结构断面尺寸大，覆土深，系统稳定且输送量大，具有高度的安全性，主要收容电力、通信、燃气、给排水等城市主干工程管线，不能直接提供用户服务
支线综合管廊	采用单舱或双舱形式建设，有效断面较小，施工费用较少，系统稳定性和安全性较高，主要容纳城市配给管线，可直接为用户提供服务
缆线综合管廊	采用浅埋沟道形式建设，空间断面较小，埋深浅，不能满足人员通行要求，一般不设置通风、监控等设备，维护管理较简单，其纳入的管线有电力、通信缆线等

（4）按施工工法分类。根据管廊施工时所用工法的不同，可以将管廊划分成明挖式综合管廊和暗挖式综合管廊。其中暗挖式综合管廊又包括盾构法、浅埋暗挖法、顶管法等，随着盾构法技术发展的愈加成熟，其在未来的实际建设项目中会被更多地选用。

（5）按施工工艺分类。按照施工工艺划分，可将管廊划分为现浇式与预制拼装式。预制拼装式具有操作简单、完成速度较快的特点，节省造价，但在中心线和标高有偏差的地方，不容易处理。

1.1.1.4　管廊的系统构成

管廊是一个复杂的综合体系统，由管廊廊体结构本身、内部管线、附属设施以及与之相关的内外部环境系统等诸多内容组成，如图 1.16~图 1.21 所示。

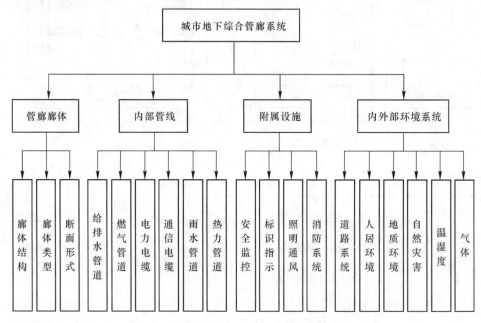

图 1.16　城市地下综合管廊的系统组成

图 1.17　管道支架

图 1.18　管道支墩

图 1.19 滑动支架

图 1.20 给水及再生水管道　　　　　图 1.21 热力管道

1.1.1.5 管廊的主要参与者

城市地下综合管廊在刚开始引入国内时，由于前期建设投资较高，导致发展速度缓慢。其后根据国家在公共服务领域推广政府和社会资本合作模式的政策，结合管廊自身特点，成功将 PPP 模式引入到管廊工程，改善了管廊工程建设资金紧迫的窘境，自此管廊建设得以快速发展[3]。

PPP（Public-Private Partnership）模式是一种公共政府部门和民营企业合作来建设设施项目的模式，或提供公共物品和服务的一种新型项目融资方式。政府和社会资本合作模式有利于充分发挥市场机制作用，提升公共服务的供给质量和效率，实现公共利益最大化，同时，有利于激发经济活力和创造力，能有效打破行业准入限制。在政府和社会资本合作模式下，不仅能减轻政府当期财政支出压力，防范和化解政府性债务风险，还有利于完善财政投入和管理方式，提高财政资金使用效益。基于此，在 PPP 模式下，我国管廊建设的主要参与者包括：

（1）管廊的发起者。政府是我国管廊的发起者。首先管廊作为准经营性基础设施，其产生的效益包括两个方面：一方面是内部效益，管廊在设计之初就预留出未来可能增扩的管线，与直埋管线相比，减少了道路开挖、管线铺设的费用，且便于管线后期的维修；另一方面是社会效益，管廊纳入各种市政管线，美化城市面貌，减少对地下空间的滥用，同时与直埋管道相比，降低了因管线维修而带来的道路堵塞、施工噪声等问题。管廊的外部效益大于其内部效益，我国政府代表的是广大人民的利益，所以从为社会创造效益的角度考虑，将政府作为管廊的发起人。

（2）管廊的使用者。入廊的各管线单位是管廊的使用者。管廊为多类管线提供了一个统一的廊道，避免不同管线单位进行铺设时多次开挖道路，有效降低了建设成本，改善了地下管线面临的地质环境，科学延长管线的使用寿命，降低维修成本，因此使用管廊可以使管线单位为用户提供更安全、有效的服务。但是目前对管线单位而言，最关键的问题是管线入廊所需缴纳的费用如何确定，入廊费过高则严重影响管线单位的积极性，因为管线单位不能把由于使用管廊所增加的费用转移到所提供的产品和服务中，所以管线单位必须自己承担由于使用管廊而增加的成本。

（3）管廊的主要受益者。社会大众是管廊的主要受益者。管廊具有准经营性的特点，更多带来的是社会效益的表达，管廊的建设极大地改善了城市的风采面貌，提升了居民的生活质量，使生活在城市中的社会公众充分享受到管廊带来的外部效益，因此社会公众是管廊的主要受益者。

（4）管廊的投资参与者。管廊投资规模较大与政府财政能力有限这个矛盾是制约管廊发展的瓶颈，引进第三方投资能较好地解决这个问题。由于政府部门是管廊的发起人，有政府的信用作为保证，只要确定合适的运作模式，就会吸引到一定的投资者。城市基础设施建设领域已经成为越来越多的社会资本投资的领域，利用多元化的融资模式建设城市基础设施也越来越受到政府部门的重视和青睐，目前在国家层面也出台了相关政策来推广政府和社会第三方资本合作。所以管廊今后的建设离不开第三方投资者的参与。

1.1.2　城市地下综合管廊的特点

管廊作为城市地下管线的综合载体，能够改变目前城市存在的地下管线纵横交错、杂乱无章、维修频繁的现状，也可以对其进行动态监控，利用廊道内的监控系统，实时了解城市地下综合管廊内的环境，及时发现问题，降低事故发生率。但同时，因建设管廊而引发的一系列难题也不容忽略，因此准确分析综合管廊建设的利与弊、优与劣是大力推进建设、高效解决问题的重要前提。

（1）前期资金投入大，投资回收期长。城市地下综合管廊造价高昂，单位建设成本可达 2709 万元/千米。现阶段，管廊前期投资多依赖于政府部门，巨大的财政投入，使得政府单位面临巨大的财务压力，并不利于管廊项目的实施。同时，城市地下综合管廊的投资回收期一般在 20~30 年左右，巨大的前期投入和漫长的投资回收期，使得社会资本方的参与意愿低。在项目开展前，通常会签订特许经营协议，以保障投资者利益，吸引更多的社会资本方参与项目投资。

（2）准公共物品属性。经济学上根据物品的生产是否具有垄断性、消费是否具有排他性及效用是内部效益还是外部效益这三个方面的特点把社会生产的消费品分为三大类别：公共物品、准公共物品和私人物品。非竞争性和排他性是准公共物品的特性所在，当任一消费者对某物品进行或产生消费时，不可避免地引起其他消费者对该物品消费的减少，因此消费该物品需要按价付款。

城市地下综合管廊是一种重要的城市基础设施，能产生良好的社会效益，提供的服务是一种公共服务，因此属于公共物品。当廊道内部的管线数量未超过其可容纳数量时，管线数量的增多不会影响原有管线的效用水平，则管廊具有非竞争性；当管线数量超过其可容纳范围时，综合考虑城市地下综合管廊投资金额和项目规模很大的特点，因此不会进行项目改建，而是会禁止其他管线入廊，则管廊具有排他性，基于此，表明城市地下综合管廊具有准公共物品属性。

（3）准经营性。在考虑资金时间价值的基础上，按照项目未来产生的现金流入量的现值之和与现金流出量现值之和的比值来判断项目的可经营性，将项目分为经营性项目、准经营性项目与非经营性项目。准经营性项目具有比较明确的受益对象，并且会产生较强的社会效益，管廊在建成以后可以收取管线入廊费用，并且提供的是与居民生活紧密联系的服务，具有极大的公益性，因此，城市地下综合管廊具有准经营性特点。

（4）垄断性。城市地下综合管廊项目建成后，其位置和使用性能具有不可变性，属固定资产，在使用过程中，必定会产生相应的沉没成本。管廊廊道和附属设施具有专用性，并且在某一区域内只能确定一家公司对其进行运营维护，因此，管廊具有自然垄断性，这也决定了城市地下综合管廊的建设仅能由政府牵头开展且需加强管理工作。

（5）与城市规划相结合特性。建设城市地下综合管廊时必须结合城市未来发展规划，管廊的规模、尺寸、位置，必须综合考虑未来的交通发展、使用需求及地下工程建设情况，避免造成廊体浪费或不足，保证合理建设。

（6）集约化、规模化特性。城市地下综合管廊是在地面以下一定范围内开辟一个独立的综合空间，以实现对给排水、燃气、电力、通信等市政管线的集约化管理，增强高效利用地下空间的能力。同时，管廊建设已被纳入城市地下空间的建设规划之中，对于条件成熟的新城区，将构建成综合管廊体系，向规模化发展。

1.2　城市地下综合管廊建设安全风险现状

1.2.1　国内外管廊建设安全事故

城市地下综合管廊的建设是一个复杂的系统工程，其施工建设往往面临施工周期长、施工环境复杂、深基坑开挖、多技术交叉、作业场地受限、地质多变、穿越既有建（构）筑物等复杂的不确定条件与环境，这些不确定因素都将给管廊安全施工带来风险，从而造成基坑坍塌、人员伤亡、机械伤害等安全事故发生。国内部分管廊事故及其成因如表 1.3 所示，通过对管廊相关事故的总结分析（见图 1.22），不难看出施工原因占比最大，是导致事故发生的首要成因。

表 1.3　国内管廊安全事故案例

序号	项目名称	发生时间	事故类型	事故原因	损失程度
1	湖南某氮肥厂项目	1999.3.8	维修不当	一压力管道泄露爆炸	4 人死亡
2	北京首钢电力厂项目	2000.7.9	焊接质量不良	某一架空敷设的主蒸汽管道泄漏爆炸	6 人死亡
3	河北省沧州市某工程	2001.7.29	误操作	吊装作业过程中倒链吊钩脱落，致使阀门坠落	1 人受伤
4	上海市化工区某项目	2004.2.13	施工缺陷	起重机机械事故	1 人受伤
5	宁波化工区管廊工程	2010.8.19	设计失误	镇海炼化丁二乙烯管道泄漏爆炸	无人员伤亡
6	上海化学工业区管廊项目	2011.9.9	腐蚀	赛科化工公司的乙烯管道泄漏引起爆炸	无人员伤亡
7	上海市化学工业区某项目	2012.2.22	误操作	氯碱化工氯气管道进口管位置的上连接软管发生破裂	1 人死亡，1 人受伤
8	山东省某管廊工程	2012.3.19	第三方破坏	石化厂的卸货车撞坏管廊	钢架扭曲，12 条管线受损
9	福建省厦门市海沧区某化工公司	2013.8.14	误操作	架空蒸汽管道泄漏	1 人死亡，3 人受伤

续表1.3

序号	项目名称	发生时间	事故类型	事故原因	损失程度
10	江苏省盐城大丰港石化园项目	2013.11.7	管理不当	现场管廊坍塌	无人员伤亡
11	上海市化学工业区管廊项目	2014.5.8	第三方破坏	热电联供高压蒸汽管线拉断挑梁	21人死亡,5人受伤
12	山东省烟台某管廊工程项目	2014.6.21	设计缺陷	管廊电缆桥架坍塌	1人受伤,装置停车4天
13	公用分厂管廊建设	2014.6.24	火灾事故	作业人员改变动火点作业,没提前进行动火作业分析	处理及时得当,未发生大的损失
14	海南省洋浦公共工业管廊项目	2014.9.16	自然灾害	受台风影响倒塌	管廊倒塌50m,10根管线受损,1条蒸汽管线泄漏
15	山东省聊城市鲁西集团二期项目	2015.7.18	物体打击	进行设备吊装作业时发生折臂事故	5人死亡,4人受伤,直接经济损失1486万元
16	湖北省当阳市某发电厂管廊项目	2015.8.12	设计不合理	高压蒸汽管道破裂	21人死亡,5人受伤
17	哈尔滨市南直路地下综合管廊项目	2016.8.21	局部沉降	连续降雨导致部分雨水随原废弃管线流入管廊施工区域	1人死亡
18	兰州市兰州新区综合管廊一期项目	2016.11.4	坍塌事故	施工工地边坡塌陷	2人死亡
19	玉溪红塔大道地下管廊项目	2017.6.26	施工现场汽车吊倾覆	施工操作不当	事故造成1人轻伤,4辆轿车受损
20	平潭实验区地下综合管廊干线工程项目	2017.10.12	地面坍塌	坑底渗漏、涌沙等造成基坑外侧地表下形成空洞,不足以承载人员荷载,造成地表层坍塌	事故造成3人死亡

序号	项目名称	发生时间	事故类型	事故原因	损失程度
21	黄岛区贡北路管廊施工	2017.12.2	坠落事故	在停止施工期间,擅自进入施工现场不慎经进风口跌至管廊底部	1人死亡,直接经济损失约142万元
22	银川市第九污水处理厂配套进出厂管道工程	2018.4.2	沉井塌方	施工单位在无施工变更设计图、施工方案未经专家论证、施工现场无专职安全管理人员的情况下,违规组织未经培训的施工人员进行深基坑作业	事故造成4人死亡
23	河北省石家庄市汇明路城市地下综合管廊工程第三标段	2018.4.6	机械伤害事故	违规进入危险作业区域,相关管理人员职责履职不到位而引发	造成1人死亡
24	吉林省四平市铁西区东丰路	2018.4.9	物体打击	施工时引孔机倒塌	1人死亡
25	石家庄市裕华区塔北路综合管廊	2018.5.12	坍塌事故	施工生产中,龙门吊吊运渣土作业时发生坍塌	造成1人死亡
26	梅州华南大道及彬芳大道地下综合管廊	2019.6	燃气管道破损	没有和管线单位协调好,盲目开挖	周边生活用户生产、生活受影响

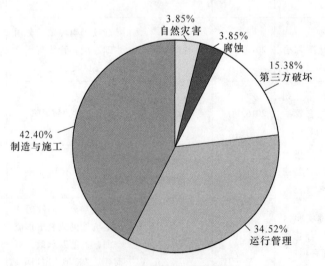

图1.22　部分管廊事故成因

1.2.2　国内外管廊建设相关政策

1.2.2.1　国内相关政策法规[4]

我国管廊建设虽然发展起步时间较晚，但随着一系列支撑政策的出台，极大地提升了管廊发展速度，我国发布的有关管廊政策的文件如表 1.4 所示。

表 1.4　国内政策汇总

时间	政策文件及主要内容
2013.9	《国务院关于加强城市基础设施建设的意见》：开展城市地下综合管廊试点，用 3 年时间，在 36 个大中城市全面启动综合管廊试点工程，中小城市因地制宜建设一批综合管廊项目。新建道路、城市新区和各类园区地下管网应按照综合管廊模式进行开发建设
2014.6	《国务院办公厅关于加强城市地下管线建设管理的指导意见》：要求 2015 年底前，各地要完成城市地下管线普查，建立综合管理信息系统，编制完成地下管线综合规划，用 10 年时间建立较完善的城市地下管线体系
2014.12	《关于开展中央财政支持地下综合管廊试点工作的通知》：中央财政对地下综合管廊试点城市给予专项资金补助，一定 3 年，其中直辖市每年 5 亿元，省会城市每年 4 亿元，其他城市每年 3 亿元，采用 PPP 模式并达到一定比例的在上述补助基础上奖励 10%
2015.3	《城市地下综合管廊建设专项债券发行指引》：鼓励各类企业发行专项债券、项目收益债券，适当放宽专项债券发行的限制条件和审核程序，鼓励债券品种创新
2015.4	财政部、住房城乡建设部：确定 10 个首批地下综合管廊试点城市，规划在未来 3 年内建设地下综合管廊 389km，总投资 351 亿元
2015.5	住房城乡建设部：批准《城市综合管廊工程技术规范》（GB 50838-2015）为国家标准，自 2015 年 6 月 1 日起实施，这是国内关于综合管廊的第一部国家级标准
2015.6	《城市管网专项资金管理暂行办法》：明确规定专项资金用于城镇污水处理设施配套管网及污水泵站建设、地下综合管廊建设试点等事项。同时指出对采取 PPP 模式的项目给予倾斜支持
2015.8	《国务院办公厅关于推进城市地下综合管廊建设的指导意见》：制定管廊建设推进目标，到 2020 年，建成一批具有国际先进水平的地下综合管廊并投入运营，管线安全水平和防灾抗灾能力明显提升
2015.9	《关于在公共服务领域推广政府和社会资本合作模式指导意见的通知》：在能源、环境保护、市政工程等领域，要广泛采用政府和社会资本合作模式，PPP 模式已上升为国家意识
2015.12	《关于城市地下综合管廊实行有偿使用制度的指导意见》（发改价格〔2015〕2754 号）：详述了入廊费和日常维护费的费用构成，完善管廊收费机制，调动社会资本参与的积极性，健全管廊建设及运营有偿使用制度

时间	政策文件及主要内容
2016.2	《中共中央国务院关于进一步加强城市规划建设管理工作的若干意见》：加快制定地下综合管廊建设标准和技术导则，强制性规定了建有地下综合管廊的区域，各类管线必须全部入廊，管廊以外区域不得新建管线，管廊施行有偿使用
2016.3	《政府工作报告》：统筹城市地上地下建设，加强城市地质调查，开工建设地下综合管廊 2000km 以上
2017.3	《政府工作报告》：统筹城市地上地下建设，再开工建设城市地下综合管廊 2000km，启动消除城区重点易涝区段三年行动，推进海绵城市建设
2019.2	住房城乡建设部：批准《城市地下综合管廊运行维护及安全技术标准》为国家标准，自 2019 年 8 月 1 日实施，这是关于管廊工程的第二部国家级标准
2019.12	《关于进一步加强城市地下管线建设管理有关工作的通知》：进一步加强城市地下管线建设管理，保障城市地下管线运营安全，推进城市地下管线集约高效建设

　　从各地区来说，一方面要紧跟国家出台的新政策，积极建设综合管廊，另一方面又因各地发展现状不同、政府财政能力和城市发展水平有所差异，因此，必须因地制宜才能更好地对管廊进行建设。为了确保管廊项目能在各地区顺利落地，各省市也纷纷出台相关政策，如山东省的《关于推进地下管线纳入地下综合管廊的意见》《陕西省城市地下管线管理条例》《沈阳市地下综合管廊有偿使用收费办法（试行）》《河北省城市地下管网条例》《上海市出台综合管廊收费办法》等一系列地方性规章制度，从而确保管廊建设与当地发展更好地结合。

1.2.2.2　国外相关政策

　　对于国外管廊建造政策方面来说，因为管廊 19 世纪率先在国外发源，经过长时间的发展，所以其法律法规体系建立已相对比较完善。例如英国在 2011 年提出《地下开发利用议案》，规范管廊、地铁等地下开发利用的管理与施工，为地下空间的开发利用提供法律支持，而《管道法》的颁布更是明确规定了管道的建设规则；1963 年日本政府制定了《关于建设共同沟的特别措施法》，规定了可建设共同沟的条件，而后又相继出台《共同沟整备特别措施法》《关于建设共同沟的特别措施法》等法律法规，明确了共同沟建设费用分摊、后期维护的主体等问题；美国在 1968 年出台了《天然气管线安全法》，后随着地下管道的发展，为降低公众对管线安全的担忧，在 2002 年颁布《管道安全改进法》，明确规定在高风险区域要实施风险分析，在 2006 年又通过《管线检测、保护、实施及安全法》，用以进一步加强管线、管道的安全。

1.3　城市地下综合管廊的发展

管廊建设是国家自上而下的制度安排，由于我国城镇化的快速发展，传统的地下管道埋设方法已不符合现代化城市需求，作为市政管线敷设的新型模式——地下综合管廊，具有能够预留管线空间、避免道路反复开挖、保障管线运行安全、缓解交通压力和提高社会效益等优势，同时还具有一定的防震减灾作用，利于城市建设的可持续发展。地下综合管廊的建设是城市资源运输系统由传统走向现代的一个关键节点，也是国内基础市政设施建设的热点之一，具有深刻的社会、政治、民生意义。

由于我国管廊建设还处于逐步发展阶段，对其全寿命过程进行安全风险管理则显得比较重要。本书采用实际与理论相结合的研究方式，对管廊全寿命周期风险进行管理主要包括前期风险管理、施工阶段风险管理以及后期运维阶段风险管理。首先，通过对前期管廊工程主要参与单位进行风险因素识别，进而提出风险控制策略，降低各有关单位的前期风险程度；其次，通过从"人-机-料-法-环"五个维度系统分析管廊施工过程的风险，建立风险分析清单，采用可拓分析方法建立模型，再通过实际案例，对风险指标进行评价来降低管廊施工阶段的风险；最后，通过对运维过程风险因素分析，采用贝叶斯网络模型评价，从而降低运维过程风险。通过对各阶段的仔细分析，探索出了一条科学、全面、规范的管廊工程安全风险管理之路。

2 城市地下综合管廊安全风险管理基本理论

2.1 安全风险管理理论

2.1.1 安全风险管理基本概述

2.1.1.1 风险基本概念

风险，来自法文的 risque，其后被译为中文和英文。所谓"风险"，简单来说即是指可能发生的危险。近年来，人们逐渐认识到风险普遍存在于各个领域中，但由于不同行业和领域的人对于风险的认识角度和理解程度存在差异，因此，对于风险的内涵理解难免存在一定的主观性和局限性，但一般都包括以下三个含义：第一，风险与人类的目的性生产、生活活动有关；第二，风险的发生为随机事件，并不是一定会发生，但也无法确定其发生的准确概率，风险的发生带来的是不利影响，往往会对风险主体带来经济、结构等方面的危害；第三，若人类能事先预知活动的走向，可以通过改变事件发展的方向及过程，从而得到更好的结果。风险作用关系图如图 2.1 所示。

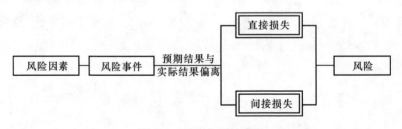

图 2.1　风险作用关系图

同济大学的黄宏伟教授长期从事隧道及地下工程的风险评估与管理研究工作，并率先展开了对岩土及地下工程风险管理理论与应用的探索，其团队曾在2004 年给出了 4 种不同的风险定义模式：

（1）把风险视为给定条件下可能会给研究对象带来最大损失的概率；

（2）把风险视为给定条件下研究对象达不到既定目标的概率；

（3）把风险视为给定条件下研究对象可能获得的最大损失和收益之间的差异；

（4）把风险视为研究对象本身所具有的不确定性。

这4种不同的风险定义是从4个不同的角度来入手研究的，虽然定义不尽相同，但它们均涉及风险发生的概率（p）、风险发生导致的后果（c）这两个基本要素。如果将这两部分的量化指标综合，就是风险的表征，或称为风险系数。可采用以下函数进行量化：

$$R = \sum_{i=1}^{n} p_i \times c_i$$

式中，R 表示风险值；p_i 表示风险发生的概率；c_i 表示风险发生带来的后果。

同时风险一般还具有如表 2.1 所示的特点。

表 2.1 风 险 特 点

序号	风 险 特 点	特 征 表 述
1	普遍性和客观性	风险具有普遍性表现在对任何的行业和领域，所有的项目在实施过程中都存在有一定风险，无一例外；风险的客观性是指：风险是由事物本身的性质决定的客观存在，不以人的意志为转移，尽管项目风险等级不一样，但是都存在且无法完全消除
2	发展性	在所处工作环境、时间段、行业背景及作业人员等不同等条件下，所产生的风险等级是不同的，因而风险产生的影响后果也不尽相同，随着时间的延伸和空间的转变，风险也会呈发展态势
3	突发性	突发性是指风险发生时间上的不确定性。从本质上来讲，风险是指在没有发生征兆并且人们没有准备的情况下，发生的具有破坏性后果的事件
4	多样性	由于风险因素具有多样性，各类同质或异质风险因素的相互耦合作用导致其产生的后果也是愈加复杂多变，因此风险后果的表现形式也是各不相同，呈现多样性的特点

2.1.1.2 安全风险管理的定义

安全风险管理是指首先通过对项目已经发生以及未来可能发生的风险事故进行风险分析，进而识别出项目全寿命周期中存在的有害、危险因素，同时运用定性与定量的数学统计分析方法来确定风险发生的严重程度，进而确定风险控制的优先顺序，提出针对性的风险控制措施，以达到改善项目生产环境、减少和杜绝安全生产事故的目标。

安全风险管理的目标包括风险事故发生前的管理目标和风险事故发生后的管理目标这两个部分。发生前的管理目标，是为了尽量避免风险事故的发生，通过提前采取一定的防范措施来降低风险事故发生的概率；发生后的管理目标，是在事故发生后，通过采取一定措施来降低事故发生带来的损失，尽量使其恢复到事故前的水平，从而使得项目可以以更好及更快的姿态继续开展经营或发展自身。二者之间是相辅相成的关系，在共同作用下，统一且全面地描绘出了安全风险管理的目标。

2.1.1.3　安全风险管理的主要特征

项目组织或个人通过风险分析、风险识别、风险评价等方式，来控制风险发生以及合理降低损失，从而有效做到安全风险管理。安全风险管理的主要特征（见图2.2）具体如下：

（1）目标性。安全风险管理的"目标性"界定了风险管理的主体，目标是针对风险主体来说的，有目标即有风险，二者相互伴随，因此应对风险管理区域进行合理划分，识别风险管理过程，明确风险管理主体，制定风险管理目标，这对实现安全风险管理的目的具有重要意义。

（2）未来性。项目发展中的不确定性对项目目标的影响即是安全风险产生的原因，不确定性都有未来特性，安全管理风险一方面是对风险的不确定性进行管理，另一方面也是对影响项目目标实现的未知风险因素进行管理。

（3）主动性。对于安全风险管理，传统认知都是认为在安全事故发生时，人们一直是处于被动的状态，但新的安全风险管理理念则认为，对实现项目安全目标来说，风险不仅仅是一种损失和危害，更多的是一种主动查找问题、认真严谨做事的机会，只有化被动处理为主动出击，才能真正达到项目安全风险管理的目标。

（4）增值性。一直以来人们都认为风险的存在就是危险的象征，但任何事物都有两面性，风险也不例外，有危害性但也同时存在着机会，高风险带来与之相应的高收益，这里的高收益不仅指的是经济上的获得，也指为实现某个特定目标，采取另一种方式而节俭出来的部分，因此我们要努力实现风险的另一面——机会的增值性，从而避免危害的增值性。

（5）信息性。如今是一个信息化的社会，因此对信息安全的管理是各行各业都非常重视的。对项目来说，安全风险管理成功的关键是所获得信息的可靠性和有效性。在项目全寿命过程中，人工查视、机器监测等都会传达出数不清的信息，正是靠着这些信息，才使得安全风险的管理具有了依据。信息集中化、网络化等发展日趋强盛，在此情况下若信息错误或缺失必然会导致安全风险管理出现问题，因此信息性对安全风险的管理显得越发重要。

（6）嵌入性。安全风险是依附于各项目活动而存在的，脱离项目本体而谈安全风险没有任何意义，因此，安全风险的管理也必然要依附于各项目活动，才能被识别、察觉，从而有效实现项目安全风险管理目标。

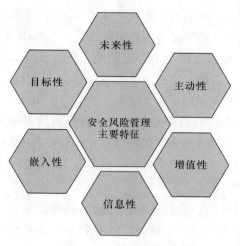

图 2.2 安全风险管理主要特征

2.1.1.4 安全风险管理原则

不同项目具有不同的特性，因此它们的安全风险因素也存在差异，从而进行安全风险管理的侧重点也不尽相同，但一般都遵循适时性、谨慎性、经济性原则。

（1）适时性。项目安全风险管理是一个不断延续的过程，随着项目的不断进行，会演变出各种各样的新的风险，为此需要在对项目各阶段风险进行准确恰当识别的基础上，适时地调整安全风险管理方案，方能及时有效地采取风险应对措施。

（2）谨慎性。在一个项目的团队中，人员所处位置不同所担负的责任也不相同，绝大多数人员本身的工作是完成项目的主体建设，项目的安全风险管理是由团队的管理层人员完成的。若在实施项目安全风险管理的过程中，由于管理人员的某些决定或措施，对项目其他参与者如施工人员、采购人员等造成不利影响，影响其正常的工作节奏，则此项风险管理措施是不合适的，需要进行调整。因此，在进行安全风险管理的过程中，项目管理者需要谨慎进行决策，避免对项目其他参与者造成不必要的影响。

（3）经济性。实施安全风险管理方案必然会对项目成本造成影响，而成本是与项目参与各方都息息相关的，因此，在实施项目安全风险管理方案时，必须综合考虑项目的投入与产出，选择相对最优的安全风险管理方案。

2.1.1.5 安全风险管理作用

进行合理有效的安全风险管理能够保障管廊项目的经济安全、主体结构的安全以及管理人员的安全，恰当的安全风险管理方法能够有效降低风险事件发生的概率，对项目进行安全风险管理，主要起到以下 4 方面作用：

（1）预防安全风险事故的发生。正确地分析综合管廊项目的风险因素，制定切合实际的风险应对策略，实现消除或减少综合管廊全寿命周期过程中潜在的安全风险隐患，进而起到预防安全风险事故发生的作用。

（2）降低安全风险事故带来的损失。有效合理的安全风险管理能够使综合管廊全寿命过程中所有的参与者认识到综合管廊潜在的风险事故及其所造成损害的严重程度，通过采取一定的安全风险控制措施，能够最大限度地减少风险事故发生时对各方所造成的损失。

（3）营造安全的社会环境。采取合理的风险管控措施，能够有效预防综合管廊在建设或运维中产生较大事故，不仅有利于营造安全稳定的生产、工作环境，更有利于居民生活的便利和社会的稳定。

（4）转嫁风险事故造成的损失。在进行安全风险管理时，可以通过购买保险或其他方法，有计划、有目的地将重大风险事故造成的损失，转嫁给保险公司或其他单位，从而合理规避风险，减少自己所受损失。

2.1.2 安全风险管理实施程序

管廊的安全风险管理是一个动态循环过程，随着项目的不断进行，管廊所面临的环境也在不断变化，并且前一阶段的风险控制措施会对后一阶段的风险因素产生影响，导致风险因素随之不断变化，进而风险程度也一直在变。因此管廊的安全风险管理需要项目管理人员主动采取风险分析和风险识别，全面掌握项目情况，有针对性地做出风险控制及调整方案，适时地实施合理有效的风险控制措施。具体流程图如图 2.3 所示。

2.1.2.1 风险分析

风险分析是风险管理的首要工作，并贯穿于管廊建设的整个全寿命周期。通过风险分析可以判断出管廊全寿命周期中的潜在安全风险隐患，进而可作为风险因素的识别与开展风险管理工作的依据。传统的风险分析方法主要包括定量、定性、定性与定量相结合三个方面，其中，定性分析法主要包括：专家调查法、敏感性分析法、主观评分法等；定量分析法主要包括：蒙特卡罗法、列表排序法、影响图分析法等；定性与定量结合分析法主要包括：影响图分析法、模糊综合评价法、矩阵分析法等。各种风险分析方法的主要特点如表 2.2 所示。

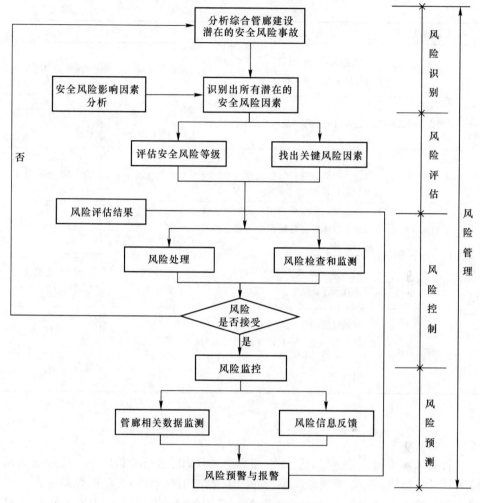

图 2.3　安全风险管理流程图

表 2.2　风险分析方法比较

分析方法		主要内容	优点	缺点
定性分析法	专家调查法	邀请多位专家对某一问题进行多次交流，经过多次反馈，获得具有较高准确性的风险判断结果	简单、实用	受专家背景限制
	敏感性分析法	计算风险因素发生变化时，评价指标的变化程度，以此分析风险的承受能力	客观、可信，可得到风险因素的变化幅度	不适用于多因素同时变化
	主观评分法	对评价对象进行等级划分，并相应地对单项风险赋予权重，最后进行比较分析	简单、易操作	仅能用于静态评价

续表 2.2

	分析方法	主要内容	优点	缺点
定量分析法	蒙特卡罗法	建立概率分布模型，用概率分布来表示风险的不确定性	简便、灵活	预测能力较差
	列表排序法	建立打分矩阵，进行风险程度打分	客观准确、操作简单	仅能用于静态评价
	影响图分析法	将决策者的问题描述与专家知识相结合，用图形进行问题描述，表示变量间的相互关系	形象直观	难以得到节点的边缘概率和条件概率
定性与定量相结合	影响图分析法	将变量间的关系以图形的形式表现出来，以体现变量间的决策信息流及各自的独立性	考虑因素相关性	运算复杂
	模糊综合评价法	引入隶属函数，将约束条件量化，建立数学评价模型	操作简单、易于学习	信息重复，问题难以解决
	矩阵分析法	将风险的产生概率及其不良后果纳入同一体系中，并利用矩阵形式进行量化，根据量化结果排序确定风险的重要程度	可解决多因素风险分析	主观性较强，因素较多时容易遗漏

2.1.2.2　风险识别

管廊风险识别，是指在对管廊潜在安全风险隐患进行分析之下，梳理安全风险事故发生脉络，仔细辨别危险源，并归类总结出影响管廊安全的风险因素。用以进行风险识别的方法和技术种类繁多，常用的风险识别方法主要有头脑风暴法、情景分析法、德尔菲法和访谈法等，这些方法各有特点，分别适用于特定的情境和阶段。因此，为了取得理想的效果，需要根据需求和具体情况选择并组合恰当的方法和技术，工程中常用的各风险识别方法比较如表 2.3 所示。

表 2.3　风险识别方法比较

识别方法	特点	优势	劣势
德尔菲法	专家之间不能直接传递观点，只能通过主持人来进行信息传递	识别结果科学性强、信息保密性强、专家独立思考性强	耗费时间长、消耗精力大

识别方法	特点	优势	劣势
情景分析法	借助数字、图表等来描述项目某一时段的状态，分析项目的风险形势，适用于各种目标相互排斥的项目	可用于不确定性较大的项目的风险识别	风险识别准确度受人员对项目的了解的影响
检查表法	风险识别依赖于过去类似项目的风险管理经验，在一张表内将类似项目的风险因素全部列出，供风险识别人员进行核对	简单、便于操作	受类似项目数量及研究资料限制
结构工作分解（WBS）	将项目目标进行细分，识别出各工作包存在的潜在风险因素	简单易行	不能动态识别项目风险
工作—风险结构法（WBS-RBS）	将工作和风险分别分解，并进行耦合	全面系统、层次性较强	大项目的矩阵较为复杂
头脑风暴法	表明个人见解，再进行群体讨论，以便全面识别项目开展涉及的潜在风险	耗时较短、易于发现新的风险因素	风险识别结果可能存在不准确性，对于会议组织者要求较高
事件树法	按照事故发生顺序，从事件的起因推导可能出现的结果	可进行动态风险识别，可定量计算各阶段概率	数据获取难度大
故障树法	需要明确事件间的相互联系，由结果向原因反向推导	定性与定量相结合、逻辑性强	工作量较大
因果分析图法	逐条分析问题产生的原因，并针对其重要性进行排序，分析问题的主要原因	直观、条理分明	复杂问题不易于作图
敏感性分析法	根据指标对危险的敏感度不同，确定敏感度最大的因素，以判断项目承担风险的能力	全面科学、定量分析	模型对识别结果影响较大
文献分析法	借鉴已有研究成果，对潜在风险因素进行总结、筛选，选取项目开展过程中涉及的风险因素	科学、合理、全面	工作量较大

2.1.2.3　风险评估

　　风险评估以风险识别出的风险因素为基础，进而判断出不同阶段或情景下安全危险性的重点，得出安全风险的综合评估结果，为风险控制工作的开展提供依据。风险评估是管廊安全风险管理过程的核心环节，常用的风险评估方法包括专家打分法、事件树分析等定性评价方法，以及层次分析法、灰色理论模型、模糊综合评判法、人工神经网络法等定量评价方法。

2.1.2.4　风险控制

管廊工程安全风险控制主要是基于风险评估结果及全寿命周期过程中不同阶段安全管理现状分析，制定风险控制措施，提高安全风险管理的效率和针对性，确保管廊的全过程安全性。管廊安全风险较其他地下工程有其特殊的地方，因此在开展风险控制工作时，需要把管廊风险的实际特点考虑在内，做好应对初始产生的某一风险事故进一步发展，出现耦合等演变现象而引起更大风险事故的准备。工程中常用的风险控制策略有：风险规避、风险转移、风险缓解、风险自留等，如表 2.4 所示，可为管廊的风险控制提供借鉴与参考。

表 2.4　风险控制策略表

风险控制策略	具体方法	特　点
风险规避	工程法	在项目建设过程中，采用工程技术手段达到规避风险事件的方法
	教育法	加强对施工、监理和管理人员的教育工作，明确项目各项工作的实施细则，以及关于管理、安全等内容的具体操作要求，提高项目部人员的防范意识和职业素养
	程序法	在项目实施过程中，将工程项目活动制定为制度化、标准化、规范化的工作，将其以标准程序的方式开展
	终止法	通过采用放弃某项活动的消极行为来避免风险因素的产生
风险转移	分包转移	由于工程量较大、工期紧张或总包单位技术条件不足，将部分施工内容分包给在业界口碑较好、实力强劲的合作伙伴
	出售转移	通过签订交易合同的方式，将风险转移给其他主体的方式
	合同转移	通过选择合同形式和变更或拟定合同条件两种形式来转移风险
	担保	为有效保障建设方的利益，在工程中标后，绝大多数工程主体均会采取投标保证金和履约保证金的形式，以保证项目的顺利进行
	保险	将项目风险转移给保险公司，并向其支付保费，以保证项目的顺利实施，降低建设单位的损失，达到有效的风险规避
风险缓解	降低风险发生率	提前做好准备工作，实施有效手段，预防事故的出现
	减少风险的损失后果	在风险发生后，对风险的损失后果加以补救，防止其进一步扩大
	后备应急措施	针对项目实施过程中的进度、质量、成本等方面的应急措施
	风险分散	以增加风险承担者的形式来降低项目风险，减轻风险主体的风险压力

风险控制策略	具体方法	特　点
风险自留	主动风险自留	项目管理人员主动识别项目风险因素后，经过多方权衡，将风险自留作为风险应对措施
	被动风险自留	项目管理人员未预先进行风险识别，未分析不利后果在项目承受能力范围之内与否，而是面对突然发生的事故毫无准备，没有应对方法，只能被动采取风险自留的方法来应对风险

2.1.2.5　风险预测

风险预测主要涉及使用适当的数学模型算法来预测追踪管廊的潜在风险位置、风险强度，判别发生概率、风险损失等，同时预测范围包括风险事故、风险因素等，进而在此基础上制定风险管理策略，以帮助风险管理者做出决策并防止发生安全风险事故。

2.1.3　安全风险管理技术方式

2.1.3.1　建立信息交流平台[5]

管廊工程与普通的市政工程相比有很大不同，其参与单位众多，信息交流畅通对整个项目顺利进行具有至关重要的作用，通过建立信息交流平台可以解决信息协调难的问题，防止因信息无法获取而带来的安全隐患。

网络信息平台可以完成快速无缝对接信息的目标，实现信息的实时共享，降低因信息不通带来的安全风险。管线单位收集数据信息的坐标和高程系统应该统一，以便后续单位采集的基本数据标准可以统一。对于不同的管道，它们之间的信息共享问题也非常重要。管道单位不需要提供明确的专业信息，而只需要通过信息共享平台发布与管廊通道部分有关的基本数据，这样既可以预防数据泄漏，也减少了信息共享的工作量，同时方便各管线单位查看。

在以往的设计模式中，各种专业设计结果相互割裂，容易使得各专业信息孤立，交叉匹配效率低，综合管道走廊内部狭窄，管线和设备众多，设计时需要结合结构、给排水、电力、燃气和通信等多个不同领域的特点，因此容易出现错漏碰缺问题，且不可避免地会出现设计修改频繁的情况。而有了信息交流平台之后，设计单位可以以平台为基础，考虑不同管线的特点完成设计，而设计师和不同专业人员可以在同一平台上共同工作，防止因专业不同、信息不通造成设计冲突、返工低效等设计问题。通过信息交流平台，提高了设计工作中的协同性，降低因设计工作出问题而带来的安全隐患。

　　监管单位则可以通过信息交流平台时刻掌握管廊的建设动态，并及时处理解决遇到的问题，避免进度拖延等情况的产生，降低项目的建设安全风险，同时在管廊项目建设完成后的运营阶段，也可以通过平台信息快速查看到运营面临的问题，及时做出应对措施。

　　信息交流平台的建立可以有效实现参与各方合作，但值得关注的一点是，参与者在享受在线平台带来的便捷的同时，也应该做好相应的技术保密工作，在当前大数据的时代下，信息就是财富的核心，保障信息的安全至关重要。

2.1.3.2　采用先进技术防范风险

A　在设计规划阶段

　　BIM 技术应用于综合管廊。管廊内部包含有多种管线，且建造路线并非一直在同一标高，在管廊项目的前期规划阶段，采用传统的二维设计画图方式无法有效检查出多管线交叉、重叠等的情况，通过引入 BIM 技术，建立管廊模型，通过对管廊组件的三维模拟拼装，以及模拟管线连接方式等，能够很直观地查找二维设计图中不明显的缺陷，其设计更改也很容易。对于诸如防火区以及人员逃生点之类的设计问题，还可以利用 BIM 技术，通过改变参数设置来实现不同场景下的实况模拟，以确定其设计是否合理。BIM 技术还可以在项目动工之前比较出多个备选方案的优缺点，在充分进行地质勘探、地下环境监测后，可采用 BIM 技术描绘出复杂多变的地下施工环境，力求对施工过程进行三维模拟，便于提前发现施工中可能出现的问题，进而完善施工方案，降低安全风险。

B　在施工建设阶段

　　（1）BIM 与 AR 技术运用于复杂节点施工。管廊在建设过程中容易遇到问题的地方常常集中在复杂节点施工，传统的二维图纸通常难以发现设计阶段存在的一些问题，从而导致在施工过程中出现理解不到位，加大建设的安全风险。BIM 技术可以建立复杂节点的模型，结合 AR 技术，通过对施工全过程的真实场景演示，将最初需要大量二维图纸的施工难题可以通过模拟实况来清楚地说明，并将三维模型清晰地呈现给施工人员。做到设计意图和实际施工情况最大程度对接，极大减少了复杂节点施工的风险，使施工风险管理更加准确和有效。

　　（2）基坑智能动态监控系统。基坑的安全性一直是科研及工程人员关注的热点。考虑到基坑在管廊建设中的安全性，除了选择正确的施工方法以降低倒塌的风险外，还可以使用基坑的智能动态监控系统。从近年来中国管廊建设的发展情况看，将智能化、物联网及其他新兴技术集成到管廊建设中是大势所趋。

　　基坑监测主要包括三个方面，分别是水平位移监测、周边建筑物及道路竖向位移监测、基坑深层水平位移监测。基坑动态智能监测系统可以通过前端感知点的布置完成监测仪器的自动测量、数据的传输与处理、异常测量值的报警等工作，也可以对施工过程中出现的异常状态及时监测，及时处理，还可以更好地在进行管廊开挖和辅助工作中，分析对周围建筑物的影响，便于施工过程中及时调整施工方案，减少施工中的安全风险隐患，防止造成安全事故。

C 在运营维护阶段

（1）管廊人员定位管理系统。在管廊运维阶段也可以采取新的技术保证人员的安全性。借鉴矿山和地铁等相类似地下工程项目的安全风险管理理念，利用无线设备和计算机网络技术开发管廊人员的管理和定位系统，以保护内部操作人员的安全。管廊作业人员在进入廊内工作时，通过佩戴具有人员定位功能的仪器，地上监控者可确定作业人员在管廊内的位置，这极大方便了地面人员和地下工作人员之间的实时通信，发生危险时，地面人员通过及时信息传递可以使地下工作人员迅速撤离，以确保人员安全。

（2）设备自动化控制系统。为了完成地下环境与地上环境之间的对接，可以利用自动控制系统采用网络技术来实现，以管廊的防火分区为单位，在其内放置具有智能感应的温度、湿度和含氧量等的智能传感设备（如图2.4所示），收集地下环境参数，通过对气体含量的分析，来对危险源进行识别、评估与监测。当在管道通道中出现漏水、漏气和火灾等风险时，各种监控系统会立即发送信号，使得管道通道的运行情况一目了然（见图2.5、图2.6）。

图2.4 温湿度传感器和气体探测器

图 2.5　防爆安全指示灯牌　　　　图 2.6　消防设施

2.2　工程建设安全风险管理——全寿命周期管理

2.2.1　全寿命周期理论

2.2.1.1　工程项目全寿命周期[6]

每个工程项目因建造目标不同、使用功能不同等都具有不同的自身特点，但其均存在一个共性特点：即都有明确的开始节点和结束节点。由于项目一般建设周期较长、投资过大需划分为多个阶段完成，为了便于更好地管理和控制项目，项目执行组织将项目划分为不同的阶段，每个阶段都包含一个或多个节点作为完成的标志，项目各个不同的过程的汇集就是项目的全寿命周期。当前暂时没有明确具体的统一划分方式来确定项目全寿命周期。不同的组织对于项目构建过程的划分不同，因而对全寿命周期的确定也就不同。国外和国内的项目全寿命周期的确定，一般有如下两种方式：

（1）国际标准化组织对工程项目全寿命周期的定义。国际标准化组织（International Organization for Standardization，ISO）将建设项目全寿命周期划分为建造、使用、废除三个过程，并将第一个过程更加详细地分为开始、设计、施工三个子过程，如图 2.7 所示。

（2）我国建筑行业对工程项目全寿命周期的划分。我国项目全寿命周期在建筑行业的划分通常是基于项目建造的程序，主要划分为规划阶段、设计阶段、施工阶段、完成阶段四个过程（见图 2.8）。其中第一阶段包括项目建议书、可

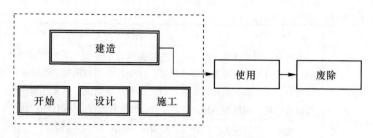

图 2.7 全寿命周期阶段划分（ISO）

行性研究两个部分，第三阶段包括建设准备、建设施工、生产准备、竣工验收 4 个部分。

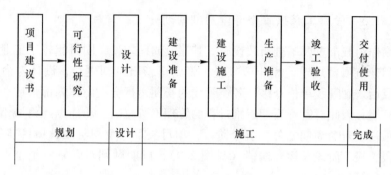

图 2.8 全寿命周期图

2.2.1.2 全寿命周期管理的特点

全寿命周期管理是项目管理的新概念，它创建了新的模型并且是项目管理一个里程碑式的进步，其具有如表 2.5 所示的特点。

表 2.5 全寿命周期特点

序号	特点	表征
1	整体性	传统的项目管理模式是将建设工程的每个阶段划分清晰并单独管理，不同阶段的责任者只关注自己的领域，极少有整个系统的意识，导致管理呈片面化特点。整个全寿命周期管理模式侧重于整体性，由项目负责人统一指挥，从第一阶段时期就考虑到了项目的全部过程，从而更好地对规划到项目完成的整个管理过程起到管理和监督的作用
2	集成性	全寿命管理模式的集成既包括信息的集成，又包括管理过程的集成。在工程项目的整个过程，会创建大量信息，必须将其汇总传递，这个过程就是信息采集的过程。通过使用计算机网络等技术，可以在不同的管理过程之间数据集成。管理过程的集成是指创建一个数据库平台，可以通过该平台对项目全生命周期的数据进行集成管理

序号	特点	表征
3	协调性	全寿命周期管理模式的协调性主要关注点是管理人员之间的协调，以人为对象，保持良好的交流沟通非常重要。在全寿命周期的整个过程中，提高服务管理质量，了解在不同环境中信息的传递和共享情况，以及在整个生命周期中进行联合的动态调整和监控，这是全寿命周期管理模式协调性的本质
4	并行性	一般的项目管理模型的特点是纵向的，即在上一个阶段该工作如果无法完成，那么在后一个阶段的工作也无法继续。而全寿命周期的整个管理过程是并行进行的，在项目规划阶段，就要考虑实施阶段、运维阶段等的需求，以减少实际管理时对前期各阶段的更改反馈

2.2.1.3　管廊工程项目全寿命周期的划分

管廊作为城市重要基础市政设施，其建设周期较长，同时相较于工业建筑项目、民用建筑项目规定使用年限来说，管廊运营服役期更长，设计寿命为一百年。建成后入廊管线单位众多，各类管线的长期运行会在廊体内部形成一个复杂的风险环境，因此对管廊后期运维过程的管理不可忽略。从而据此将城市地下综合管廊项目全寿命周期划分为五个阶段：项目决策与策划阶段、项目准备阶段、施工阶段、竣工阶段及运营阶段（见图2.9），以期做到对管廊整个全寿命周期过程更好的管理。

一级	项目决策、策划阶段			项目准备阶段		项目实施阶段		项目竣工阶段		项目运营阶段
二级	项目规划	项目选定	决策	设计	施工准备	施工		验收移交		
三级	区域开发策划　行业发展评估　规划发展规划	项目投资机会研究　项目建议书　辅助研究	可行性研究　项目评估及决策	方案设计　初步设计　技术设计　施工图设计	设计方案招标或竞赛　主要材料及设备招标	项目施工	项目监理　主要材料及设备采购	竣工验收	运营及培训　质量保修　廊体运维管理　管线运维管理		人员运维管理

图 2.9　城市地下综合管廊项目全寿命周期

2.2.2　全寿命周期安全风险管理

2.2.2.1　城市地下综合管廊的全寿命周期风险管理理论

对城市地下综合管廊进行安全风险管理应该面向其全寿命周期过程，首先，在规划的初期，应与管线单位进行良好的协调，设法说服管线单位入廊，明确管线的入廊费，并确定管道的融资和运营方式。其次在项目设计阶段，对建设城市应做广泛的调研，在基于大量调研数据的基础上定性分析城市的未来发展情况，如人口变化率、管线增加情况等，防止设计与实际相脱轨，使得产生不必要的时间和经济浪费。在项目的建设阶段，在初步建设工作中进行详细研究，以确定地下管线、土壤和地质等情况，同时应确定好合适的施工方法以及施工所需材料。各个程序的不同过程都紧密相关，每个流程的管理将对未来的工作甚至整个项目产生更大的影响。另外，管廊不仅具有收纳地下管线的功能，而且可以改善城市的抗灾能力，使它具有抵御地震和洪灾的能力，并结合 BIM 和物联网等先进技术，可以使这座城市生活变得更加安全有保障。考虑到管廊的众多实际作用和潜在开发价值，可以采用全寿命周期管理模式确定该项目的风险，这样既有利于掌握工程的实施情况，还可以充分识别管廊不同阶段存在的风险。

2.2.2.2 城市地下综合管廊全寿命周期安全风险管理防范策略

A 管理层面策略

（1）完善管廊立法。由于我国管廊发展起步较晚，导致目前有关管廊的立法还较少，没有具体而明确的法律制度支持，就无法很好地解决管廊在建设、运营和维护中存在的诸多问题，因此，我国应加快完善有关管廊的立法，从法律环境上保护管廊的发展，参考国外有关管廊的法律，我国在立法上应明确：

1）管廊的排他性。管廊的建设统一容纳进来原本在地下杂乱无章的管线，因此在建设管廊的地下区域，应明确可入廊的管线单位严禁开挖路面，或应采用有偿方式开挖路面，以此保证管廊工程的顺利推进。

2）地下空间的所有权。由于中国地下空间开发相对滞后，导致所有权问题一直模棱两可，没有明确的规定，但目前在地上空间接近饱和的情况下，向地下要土地已成为一种必然，因此地下空间的权属问题应该通过立法尽快明确，使得综合管廊的建设更加完善从而得到相应的保障。

3）保证投资方的利益。管廊工程由于建设投资过大，因此常采用 PPP 模式，而管廊属于基础市政设施，其便民利民、收费方式不明确等特性决定了效益回收的缓慢，使得参与的社会投资主体一直处于劣势地位，法律可以在一定程度上减少外部因素对管廊发展的影响，降低投资企业的风险。

（2）增强管廊管理理念。一方面，管廊管理理念存在的风险与地方当局谋取政绩有关；另一方面，是由于对管廊的建设缺乏明确的限制条件。首先关于政府的政绩问题，由于部分地区管理者为加快当地经济发展，紧跟国家发展政策，而没有全面地考虑到地区实际情况，因而造成极大时间及经济浪费，部分大型市政工程都有这样的影子，不只体现在管廊的建设上，当然基础设施的建设还是给我们的生活带来了便利，因此，针对这一问题，第一，必须严格控制整个工程的质量，使该项目的建设成为一项安全有保障的项目；第二，对于管廊的建设地区进行综合的分析，并衡量有无必要建立管廊。目前对于城市地下综合管廊的建设，尽管引进了先进的管理理念，比如全寿命周期理论，但政府依然是建设的主导力，国家层面应对地方政府的管理理念、管理思路进行必要引导，促进管廊市场的平稳发展。

（3）设立专门的管理部门。管廊工程的管理工作较多，跨度长，包括从前期选址、行政审批等到施工监管、运营维护等，涉及许多单位，包括建设单位、管线单位、众多投资企业等，因此应组建专门的管理部门进行管理工作。

按管廊工程实际操作内容来看，管理部门的组成应包括技术和管理体系。技术人员必须拥有与管廊建设相关的知识，例如，管道安装、测量放样以及大数据处理等。行政人员负责该项目的审批、立项及单位或部门之间的协调等工作，在控制全局方面发挥作用。

管理部门担负着管廊在其整个寿命周期中的所有工作，包括组织施工区域的地下管道调查、与管线单位明确入廊费、进行招投标等一系列工作，以及对运营维护阶段进行监督管理，管廊在达到设计使用年限时报废处理等，这种责任的明确划分可以使得决策更加高效。

（4）适时建设管廊。管廊的建设应该参考城市发展规划，从而明确是否需要和城市道路、地下通道、地铁隧道等其他工程建设同步进行、协调管理。在规划和建设新的市区时，首先应包括建设综合管廊，在旧城改造过程中，也有必要考虑修建管廊的可能性。

（5）提高管线单位入廊意愿。通过分析管廊建设主要风险可以看出利益问题是限制管廊发展的较大问题，管廊的利益最终应通过入廊并支付入廊费的管线单位来解决。如何提高管线单位入廊的意愿，有效打破利益协调的怪圈，可以从创新管理模式以及建立有偿使用制度体系来实现。

B 经济层面策略

综合管廊项目投资巨大，各管线单位难以协调。目前在融资方式上主要还是采取 PPP 或 EPC 模式，前期所投入的成本以及社会资金的盈利都需要在后期的运营过程中实现，除了入廊费、租金等也可以通过以下方式减少收回成本的时间并降低经济风险：

（1）发挥开发性金融优势。在融资领域，开发性金融具有政策性金融和商业性金融无法替代的优势。发展资金以国家信用为基础，并以市场业绩为支撑。相比于政策性金融，可以更好地确保资金的效率和安全性。同时与纯商业融资相比，它更有能力实现目标、完成任务以及承担社会责任，对改善管廊寿命周期经济具有积极作用。

（2）进行金融产品创新。城市地下综合管廊实现经济社会效益的时间相对较长。PPP 项目的合作时间通常不少于 25 年，甚至超过 30 年。金融机构还需要适应市场环境的变化，以确保金融产品的适用性。例如，管廊运营单位可通过发起管廊债券、专项基金等方式，以减轻管廊项目的财务压力。

（3）政府对投资单位进行补贴。由于我国在管廊运营方面还未建立起完善及统一的标准，入廊费的标准也没有统一，以及管线单位入廊意愿不积极等因素造成的社会资本投资风险很高。当管廊项目工作进展不顺利、收支不平衡时，政府可以采用"可行性缺口补助方式"或者"以政府付费向项目公司购买城市地下综合管廊服务方式"来设计项目的回报机制，同时政府也可以对管廊的融资公司提供适当的补贴，具体的金额则视实际情况而确定。随着项目的逐步进行，入廊费用的收取方式也更加明确之后，则可以停止补贴，这可以有效地吸收社会投资，消除企业顾虑，并有助于减少管道建设的经济压力。

（4）建立管廊产业基金。产业基金是用于利润共享和风险共担的集体投资制度，这意味着通过向许多投资者发行基金份额来创建基金公司。基金公司任命基金经理或信托经理来管理基金的资产。该基金主要处理三种投资，分别是创业投资、企业重组投资和基础设施投资。中国台湾是建设城市地下综合管廊产业基金应用最成功的地区。1992 年，台北成立了"台北市共同沟建设基金"，该基金是属于非营业循环性质的。其共筹集了 25 亿新台币，充分弥补了综合管廊统筹规划和政策研究的资金缺口，创新了管廊融资模式，大大推动了管廊的发展。

本章从城市地下综合管廊安全风险管理和全寿命周期管理理念入手，分别介绍了关于管廊安全风险管理理论的基本概念、安全风险管理的实施程序和安全风险管理的技术手段，同时介绍了有关全寿命周期理论的基本原理与全寿命周期安全管理的风险防范策略，构成了对城市地下综合管廊进行安全风险管理的理论框架，为后续研究奠定了理论和方法基础。

3 城市地下综合管廊项目前期安全风险管理

城市地下综合管廊项目是一个系统工程，涉及诸多利益相关者，本章从其主要参与各方角度入手，分析、识别不同角色所面临的不同风险，以期为项目前期风险管理提供一定参考。图 3.1 为项目各参与方管控协调关系图。

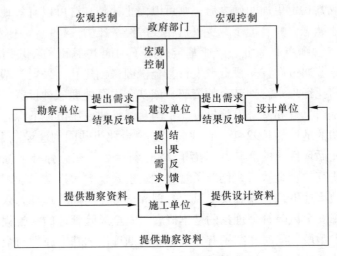

图 3.1 项目管控协调关系图

3.1 政府部门安全风险管理

3.1.1 政策风险

我国的经济体制是属于政府主导下的市场经济体制，政府政策的制定牵一发而动全身。政策环境是指影响和制约城市地下工程项目的政治因素和法律系统，包括国家的政治导向风险，即政治制度、方针政策、政府对项目的支持和重视程度等因素，也包括法律法规风险。法律法规是保障企业生产和运营的基本条件，对地下管廊项目的建设具有广泛影响，例如，从《国家新型城镇化规划（2014~2020 年）》中"统筹电力、通信、给排水、燃气、供热等地下管网建设，推行城市综合管廊，新建城市主干道路、城市新区、各类园区应实行城市地下管网综合管廊模式"的要求可知，管廊项目受一定时期政策环境的影响。

政策和法律风险主要是指国家对管廊的建设有哪些支持政策，地方政府对管廊的建设有哪些优惠政策，以及针对管廊的建设是否设有完善的法律法规、标准的施工规范等，具体包括以下三方面：

（1）政府补贴力度因素。政府应给予融资型企业适当的补贴，当补贴力度过大时，则会产生企业管理水平下降、引发不公平竞争等问题，补贴力度不够又会致使投资企业遭受损失，经营困难，在这种情况下，更加不便为管廊筹措建设资金，因此政府应根据实际情况并结合多方因素决定补贴力度。

（2）管廊规范缺失因素。到目前为止，我国仅颁布了《城市地下综合管廊运行维护及安全技术标准》（GB 51354—2019）和《城市综合管廊工程技术规范》（GB 50838—2015）这两部国家级管廊标准，对管廊发展起到了一定指导作用。随着管廊建设区域的不断开拓，需要应对土质、抗震、地裂缝等特殊工况，因此新技术、新工法也不断应运而生，但这些新技术在解决问题的同时也带来了新的问题，如标准的制定、新技术的适用性等。目前我国尚未对管廊项目的验收规则做出明确的要求，现有工程多依靠地铁等近似工程的验收规范进行，这并不利于对管廊质量的把控，因此需要及时地扩充有关管廊的建设规范，更好地推动管廊发展。

（3）地下空间权属因素。在本书前面部分也提到过地下空间的权属问题，这个问题应该通过立法明确来解决。2016年，西安市昆明路综合管廊正式开工建设，途经32家单位，由于拆迁、安置等问题协调困难，在很大程度上阻碍了管廊的建设。随着当代城市发展步伐的加快，对地下空间的开发利用已成为当务之急，在管廊的建设过程中能否获得地下空间权属则成为一个影响管廊建设的风险因素，法律的强制性规定会为管廊的建设争取到更多的权利和保障。

3.1.2　环境风险

这里的环境风险主要是指政府影响下的经济环境、法制环境、科技环境、人文环境和自然环境风险。

对经济环境风险而言，保持稳定增长的经济环境能促进管廊市场的稳步前行，促进市政基础设施项目的改善，降低管廊投资方承担的经济压力，合理的经济环境也代表了人们相应的支付使用能力，可保证项目后期资金的回收。

法制环境风险则是建立健全管廊行业的法制法规，清晰的条文、明确的规定可为管廊行业的发展提供法律保障。

科技环境的变化对管廊建造的进度、质量和成本目标具有重大影响，科技的进步带来更高的建造质量，更少的安全风险，降低建造成本，会对整个管廊市场的发展带来一定影响。

人文环境风险是指公众对管廊项目建设的理解和认可，城市地下综合管廊的建设将会带来良好的社会效益，但其在我国的发展起步较晚，部分地区人们对管廊项目缺乏一定的认知。由于管廊项目本身的特点，建造一般采用较经济的明挖式施工方法，施工面积较大，对市内交通造成一定影响，且施工过程会产生一定的噪声，部分市民的不理解和投诉会成为管廊项目建造的阻碍，因此政府应加强对管廊工程的宣传与推广，增强人们对管廊工程建造的支持。

自然环境风险考虑的则是项目一旦启动，将会对周边环境产生一定程度的破坏，施工期间排放的废弃物造成的环境污染，又需要采取一定措施修复环境，目前国内大力倡导环保理念，合理分配自然资源，政府出台的环保法律法规会一定程度上增加工程项目在施工过程中的压力。

总而言之，好的社会环境能够推动管廊行业朝一个积极的方向前进，反之则造成一定阻碍，不利于管廊的发展，因此，政府只有合理引导，才能降低管廊工程的环境安全风险。

3.1.3　政府干预不当风险

政府干预不当风险是指政府存在失信风险。一般来说，管廊的建设周期较长，可能存在经历政府换届的情况。通常情况下，政府的换届伴随着一些失信风险，如上一届政府所承诺的政策、税收优惠或者补贴等可能会发生变化，这会对投资企业造成一定影响，增加了管廊建设的成本安全风险。

3.2　建设单位安全风险管理

3.2.1　资金供应风险

巨额资金筹措工作是项目前期决策必不可少的环节，也是最关键的工作。在建设项目全寿命周期的每个阶段，资金链都是重中之重，只有有足够的资金保证，才能使得建设工程项目顺利实施，尤其管廊前期造价更为高昂，建设单位筹措资金的能力最终能够决定项目的成败。

（1）资本筹措因素。管廊造价高昂，筹措资金量较大，但是融资渠道少、成本高，银行对民营企业贷款审批环节多，当前一些管廊的投资者往往选择与政府合作，同时以管廊的盈利为保障来发行债券让企业购买，然后通过债券所获得的资金再用于管廊的建设，但这样容易出现以下问题：一方面，由于大家并不一定选择购买管廊类的债券，因此债券的发行量不确定能够得到保障；另一方面，管廊的准公共物品特性决定了其社会效益大于直接效益，因此债券发行能否保障购买人的利益很难决定，最后通过售卖债券得到的资金是否真能够作用于管廊，这是一个问题，监督者是否明确，资金运作是否能够保证透明，这些不确定的因素都会导致筹资的困难。

（2）利率及通货膨胀因素。社会资本在进行投资后还面临整个资本市场的利率波动，以及可能会出现的通货膨胀等情况，融资过程中同时存在需满足投资回报率的不确定性，资本方较看重成本利润率和内部收益率，因此在筹措过程中不受控的因素过多，这种非人力可抗拒的风险也应该考虑其中，加大了融资的风险。前期资金筹措不力会导致项目的资金不足，无法进行下一阶段人员、材料、机器等的运作，进而对管廊项目带来一定的风险。

3.2.2 组织管理风险

综合管廊建设单位在工程项目的实施中起着关键作用，同时，在实现项目目标方面占据着主导作用，其组织管理风险主要包括不重视施工安全、安全管理控制不足、越级（越权）管理事物、澄清问题不及时和与外部协调能力不足等方面。

从过去的工程案例事故统计数据可以看出，建设单位存在对施工安全管理力度不够、对施工安全管理不重视等问题。大部分建设单位认为他们将项目的技术监督工作委托给监理单位，并且将施工项目委托给施工单位后，他们在项目的施工阶段将不必再承担安全责任[7]。但从本质上讲，在项目的建设过程中，建设单位的安全管理应属于主动管理，而施工单位的安全管理则是被动管理，施工单位的被动管理是通过建设单位的主动管理来实现的。在我国建设单位在安全风险管理方面参与深度不够。因此建设单位应加强对自身的组织管理，及时、高效地做好前期安全风险防范工作，也为项目后期提供一个基本保障。

建设单位在招标阶段也应重视安全风险管理，防止因设计单位、施工单位和其他重要的参与单位安全管理能力不足或资质不够，从而导致安全事故的发生。此外，建设单位签订的一些合同文本中缺乏明确的项目安全风险管理规定，没有针对管廊安全方面的具体条款，这并不利于建设单位对工程进行安全管理。在工程实施的实际过程中，也存在着安全事故发生后没有落实违法处罚的现象，往往企业先受到处罚，其次才是个人，对个人的处罚没有及时执行、处罚不到位等都是导致个人对施工安全责任心下降的主要原因。

明确职责范围是管理组织首要的一个任务，责任划分明确对项目的顺利开展具有重要的作用。每一个工作程序都有自己合理的流程和安排，如果越级或越权对工作横加干预，就会打乱各级的正常工作秩序，使下属无所适从，不利于调动下属的工作积极性，妨碍组织的团结，容易引起误解；同时一个项目是一个复杂的系统工程，涉及了很多参与方，这就要求建设单位不仅自身内部各方相协调，还要具有良好的外部协调能力，能够妥善及时地处理各方出现的问题与矛盾，对各参与方提出的整改意见及时进行反馈与澄清，方可规避一些不必要的风险。

3.2.3 前期规划研究风险

（1）可行性研究因素。可行性研究报告是在项目投资之前，从经济、技术、生产直到社会各种环境、法律等各种因素进行的调查、研究和分析，明确项目的有利和不利因素，判断项目是否可行、成功率大小以及经济效益和社会效果如何，因此，它是项目投资决策和建设资金筹集的基础，也是编制项目规划和设计的基础。项目只有在可行性研究获得批准后才能建立项目并进入实施阶段。可行性研究涉及的经济安全风险主要包括宏观经济环境、税收政策、融资贷款计划等。宏观经济环境会直接影响到项目的成本和收益，因为它决定了项目的可行性和必要性、融资方案是否合理以及贷款利率是否可以接受，因此宏观经济环境在很大程度上影响着项目的决策。技术风险主要反映在资料收集、调研考察、技术和财务分析结果是否可靠以及是否可以有效地为项目决策提供支撑。

（2）审批立项因素。管廊审批立项的安全风险主要为政策风险。项目的审批立项往往受国家的政策趋向、扶持力度和城市规划方案等方面的影响。积极的政策趋向和扶持政策将会促进管廊的审批通过。其中，城市规划涉及园区土地占地、园区交通、拆迁补偿等。

（3）项目策划定位因素。项目策划定位对管廊工程而言是至关重要的，因为它决定了项目的设计定位、居民的使用、入廊管线的种类等，如果项目策划定位出现问题，与实际环境情况不相符，会对项目的后期整体建设造成影响，达不到预先设想的效果。

（4）方案设计委托因素[8]。方案设计委托风险主要体现在选择设计单位和编制设计任务书这两个方面。首先，如果所选的单位对规范不熟悉、设计能力不足，或者设计者在管廊工程领域的经验较少，并且不能正确理解管廊项目的开发需求，都有可能导致该项目的设计成果与预期效果差异较大现象的发生，另一方面因在设计方面专业技能不娴熟则可能会导致更长的设计周期，从而致使整个管廊周期延长。其次，如果设计任务书的设计不合理，不能反映工程项目的规划要点以及实际需求，则会导致设计方案与项目策划定位不一致，无法满足需求。

（5）施工图设计委托因素。施工图设计委托风险和方案设计委托有异曲同工之处，主要体现在设计单位的选择和编制设计技术措施这两个方面，在选择施工图设计单位时，更多地侧重于选择对技术实施和对当地政策法规熟悉程度高的单位来合作。在管廊项目实际开发过程中，往往会选择当地的设计院来进行项目施工图的设计，这不仅有利于项目施工图设计过程中的技术沟通和交流，也可以在申报专项设计时，向设计院提供技术咨询。

3.3　勘察单位安全风险管理

根据《建设工程质量管理条例》（第 279 号国务院令）第五条规定：从事建设工程活动必须按照先勘察、后设计、再施工的基本建设程序执行，因此，工程地质勘察这一环节是综合管廊工程建设的基础程序。根据《建设工程勘察质量管理办法》（第163号建设部令）规定，工程地质的勘察工作必须按照工程建设的强制性标准进行勘察，不得伪造或提供虚假的勘察结果和信息，如果违反应当对其处以罚款，这就要求勘察单位提供的勘察结果必须真实可靠，不仅可以满足设计和业主的需要，还要满足技术标准和规范的要求，否则，如果勘察结果中存在质量问题，则会对后续一系列工作产生严重影响[9]。

地质勘察活动属于一次性生产过程，具有相对较大的投资、相对较长的周期和较多的利益相关者等特点。因此，为了保证顺利实现管廊地质勘察项目目标，有必要合理地管理和控制工程地质勘察质量风险。勘察成果形成流程图如图3.2所示。

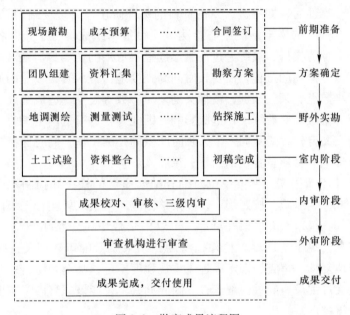

图3.2 勘察成果流程图

由流程图可知，勘察成果的质量不仅受内部因素影响，同时还受外部因素的影响，本书从成果质量本身风险因素以及外部审核因素入手进行分析。

3.3.1 勘察质量风险

（1）踏勘不仔细因素。前期野外踏勘工作至关重要，是勘察成果的来源。若勘察人员不认真，不带或者少带专业调查工具去踏勘，只到现场看一眼便走人，这将让踏勘工序流于形式，使得最终勘察成果与规范出入很大，不能满足工程问题评价要求，甚至导致错误的评价结论，严重影响勘察质量，给后期设计及施工等工作带来风险，因此应认真、严谨地对待踏勘工作，做到每步踏勘工序都有据可依。

（2）团队组建不合格，项目负责水平低。项目负责水平低是指委任的项目负责人具有较低的地质专业技术，并且缺乏工作经验，对各类工程地质问题了解甚少，无法很好地指导其他成员开展地质工作。工程地质勘察工作涉及广泛的工程地质专业知识，专业性很强，项目负责人是勘察质量把关的第一人，其负责监督把关野外踏勘资料的准确性和真实性。只有具有深厚的理论知识、出色的专业技术和丰富的工作经验的项目负责人才能对勘察项目做到指挥若定，编制出高质量的勘察报告。

（3）踏勘资料汇集不严谨因素。在收集完野外踏勘资料并检查了现场数据的真实性和可靠性后，即可进入室内资料的整理阶段。将现场踏勘采取的土样、岩样送至具有资质的岩土检测中心检测，项目技术组成员分工绘制各种专业图表，完成文本撰写报告，最终经过汇编形成勘察成果的初稿。但是对图表及文字等的撰写是极为繁琐的过程，需要长时间高强度地保持认真，极易因疲劳出现漏掉某些关键小数点、某些数据，错标关键地质参数等现象，造成踏勘初始成果存在诸多疑问和错误，对后续工作造成影响。因此，在进行资料汇编时，应注重任务的分工与交叉合作，避免同一个人长时间做同样的工作，同时保持严谨的工作态度，力争形成一套质量合格的勘察成果。

（4）内审不严因素。勘察单位对勘查结果质量的检查和控制不严格，会对勘察成果造成一定风险。按照规定，勘察单位应对勘察成果实行三级内部审计制度，经过内部三级审查并修改完善后，可以提交给外部监督审查机构进行审核。而大多数实际情况下，勘察单位往往将勘查结果质量的审查把关寄托于外审阶段，对本单位复核、审查、审定等程序重视程度不足，甚至交付给外部监督审查机构的勘察文件都没有经过内部审查。因此勘察单位应该完善内审制度，并且提高对内审的重视性。

（5）多次分包/转包/挂靠因素。非地质工作者由于利益诱惑，通过不正规渠道从建设方争取到勘察项目后，经过多次分包、转包及挂靠等形式拉人进行勘察，利润经过层层剥夺最后所剩无几，极大地降低了工作者的热情。此外，一旦在转包挂靠项目中出现质量问题，追究责任的难度很大，并且参与报告编制的具体当事人也很容易逃脱质量事故责任的追究。因此勘察单位应杜绝分包、转包、挂靠等现象的发生，领导层应不违规使用自己的权利，严格控制项目踏勘团队，从而保证探勘成果。

3.3.2　勘察成果审核风险

（1）行政监管失职因素。指行政监督管理部门未能按照行政法规的要求定期抽查管廊工程地质勘察结果和材料，也没有落实对编制存在质量问题的勘察报告单位的处罚，不行使对勘察市场质量监督管理的权力与义务，纵容勘察单位对勘察成果质量不重视的思想，从而增加了质量风险产生的可能性。

（2）投入人力、物力、财力不足等因素。在勘察项目的实际作业过程中，选派技术工作人员不足、机械设备少、投入资金不足。在整个建设项目中，勘察项目的总投资额所占比例很低，专业技术人员不足，很多单位的技术力量相对薄弱，经常出现项目多但人员缺少的情况。此外，地质勘察工作人员很大程度上会依靠积累的工程经验，但认为仅需凭借工作经验就可以得出结论则是不对的，尤其在分布较多湿陷性黄土的中西部地区，对于管廊工程的前期勘察来说，虽然勘察人员关于黄土地质的经验至关重要，但是充分的勘察设备更是必不可少，勘察单位不愿意投入太多的财力、物力去检查地质数据的真实可靠性往往会造成勘察成果存在质量问题。

（3）外审把关不力因素。根据建设行政监督管理部门的要求，一般应先经质量监督审查机构审查工程地质勘察成果资料，合格后才可交付给设计单位及建设单位使用，审查机构应严格把关控制勘察成果的质量。在自由开放的市场经济环境下，审查机构同样存在诸多竞争，为了争取更多的审查咨询业务，审查专家或审查机构降低了技术性审查标准并放宽了程序性审查把关，因此，审查通过的勘察文件仍存在较严重的质量问题。

3.4　设计单位安全风险管理

3.4.1　设计方案风险

（1）规划方案设计因素。每个规划设计方案都具有相应的控制要求，且项目的开发必须通过政府规划部门的设计批准，因此，在方案设计阶段必须严格遵守规划设计的控制要求。此外，规划的总体布局在项目中起着决定性的作用，在规划总体布局时需要对该项目所涉及的地下管线的分布进行系统且详细的分析，规划方案设计的结果将直接影响后续的扩充和施工图设计。

（2）设计规范因素。当前，我国仅出台了两部国家级管廊规范，相对还不够完善，例如一些管网的设计取值没有统一标准，当管廊设计取值与实际工程值不一致时，很容易产生矛盾冲突，不利于规范指导，项目建成后存在一定的安全性与可靠性风险。

（3）设计经验因素。我国管廊的建设起步时间相比国外发达国家较晚，但得益于科技技术的发展，建设起点较高，部分设计内容甚至已经超过了国外已有的设计水平，在国内外均无法进行有效的借鉴参考，因此设计人员的专业技术水平、是否具有相关的项目设计经验等，均会直接影响到项目的实施，使得项目存在一定的设计安全风险。

（4）设计规模因素。管廊建设既要满足当下的生活需求，更要考虑到城市未来的扩充、发展等因素，所以对设计规模提出了更高的要求，一方面，要具备一定的前瞻性，预留足够的空间用于规模化，另一方面则是考虑成本问题，不能盲目追求规模从而导致大量管廊空间的长期闲置，引起不必要的投资资金消耗。如何平衡前瞻性与成本之间的关系也是管廊设计阶段所面临的风险之一。

（5）管线入廊与管线同廊风险因素。入廊管线的确定以及管线间的排列问题是设计单位进行风险管理时无法逃避的一个难题，如燃气管线是否入廊一直饱受着争议。在不同地区，由于自然环境、资金、技术条件等存在差异，在设计管线入廊分布时应首先遵从当地条件，采取适当的管线排布方式，以免埋下安全隐患。由于管廊规范出台比较滞后，因此很多管廊的建设在设计之初并没有考虑到这个问题，也没有硬性的条款规定，从而导致管线的布置合理与否成为风险之一。

3.4.2　施工图设计风险

（1）施工图设计质量因素。施工图的设计必须依照相关的国家设计规范和地方规程来执行，如果不能满足相关的设计规范或地方规程，则会导致审图、报批报建都无法顺利进行，另一方面也无法保证管廊的质量。由于施工设计牵涉众多专业，包含给排水设计、结构设计、暖通设计、电气设计和智能化设计等，因此在项目开发和设计过程中常常需要多次交流沟通，倘若各专业设计之间合作协同力度不够，则会导致各专业间的设计图纸相互矛盾，设计上的遗漏将会给项目成本带来严重的影响。

（2）施工图进度控制因素。除了设计质量风险外，施工图进度控制也是在施工图设计阶段影响设计风险的重要因素之一。进度周期要求存在于项目开发的每个阶段，施工图设计也不例外，施工图纸设计涉及各种专业，每一部分专业的延误将会导致其他专业设计工作无法开展，进而影响整个项目设计工作的进行。此外，建设单位提出不适宜的设计周期可能容易导致设计进度不受控制而产生风险。

（3）新技术、新工艺使用因素。随着社会的发展和科学技术的进步，建筑材料、施工工艺和技术也在不断地更新，在设计之初就应考虑到这些因素。对城市地下工程项目而言，新技术、新工艺的使用通常意味着更大的风险，一旦设计与实际不符，出现问题，将会对后续工程的进展造成阻碍。

3.5　施工单位安全风险管理

3.5.1　质量控制风险

管廊工程质量不仅指最终产品的质量，更是指施工过程中的工作质量，一旦施工作业活动质量出现问题，就会带来质量风险，施工单位在前期工程质量安全风险控制上主要体现在以下几个方面：

（1）施工操作技术因素。技术问题对管廊项目而言是非常关键的问题之一，施工企业是否有承担管廊项目的资质、管理人员是否能够胜任管廊管理任务，所选施工人员是否掌握管廊施工技术、对施工工艺是否了解等因素都能对后期管廊工作产生影响，而一旦后期出现任何问题，给管廊参与各方造成损失，再来查找原因就得不偿失了，因此对施工单位而言，在项目前期确定合适的管理人员、慎重选择施工队伍至关重要，在前期制定合理的施工方案，能有效降低施工单位风险。

（2）建材采购质量因素。施工单位选定的建筑材料是关系工程项目质量的关键，前期对材料的质量控制出现问题，则容易导致后期出现返工、停工等风险。材料质量的合格与否，保管、存放方法是否合理，都将直接影响工程的结构刚度和强度、使用功能及观感等，建材质量是跟管廊结构最为直接相关的，一旦前期选购的建材质量不合格，则必定会导致管廊结构出现质量问题，因此施工单位在项目前期应严控建材质量，选择职业道德高、质量鉴定水平好的建材专业采购人士，能较好地保证材料质量，减少施工单位风险。

（3）施工现场管理因素。在管廊项目前期，施工单位就应确定好施工现场的管理规则。从管廊事故统计案例来看，施工中要素引发事故最多，这其中包括管理人员对现场把控不到位、应变能力不够等原因，对风险出现错误的识别、评估等，可能出现将风险等级定性错误的状况，也可能误判风险控制重点，酿成事故。所以对施工单位而言，在项目前期应加强对施工现场管理人员的培训，提高其综合业务能力，培养管理人员对后期可能出现的风险的处理应对能力。

3.5.2　成本控制风险

施工方作为一个自主经营、自负盈亏的经营实体，核心经营目标之一就是通过建立科学高效的经营管理体系，最大程度降低施工成本，扩大经营收益，提高其市场竞争力。成本风险管理是一项复杂的系统工程。对于施工单位而言，成本管理贯穿于建造管廊的整个过程，其中许多环节（如报价决策、施工组织、资源分配等）都会影响成本。施工单位成本风险管理水平的高低体现了该企业的风险损失控制能力和赢利水平，同时也决定了该企业在具体施工项目上的风险管理能力。

根据管廊项目的建设成本构成，可将成本划分为直接成本和间接成本。

直接成本：是指施工企业使用于管廊建设过程的各项费用，且这些费用随着工程量的增加大体上成正比增加，主要包括建筑材料采购费、工程安装费、人员工资、工程设备费等，项目前期施工单位应对直接成本做好规划，以便与后期项目实施阶段做好调整与控制。

间接成本：是不与管廊建设过程直接发生关系、服务于该过程的不得不支出的费用，主要包括对管廊施工进行管理产生的费用，体现在由于不确定性所引起的返工重做、停工损失、管理费用、合理损耗等。施工单位在项目前期就应对后期可能会出现的问题做出预判，以减少后期返工、窝工等风险事件的发生，从而控制间接成本的产出。

施工单位在前期进行安全风险管控时应当主动管控成本安全。前期成本风险控制主要体现在投标决策阶段，包括信息失误风险及报价失误风险。

（1）信息失误风险。信息失误就是指施工单位获得招标信息时存在失误，比如获得的信息是过时的信息、非官方发布的正式通知信息等，信息是所有决策的先行，一旦信息出现问题，则会导致随后一系列所做工作均为白费，极大浪费人力、物力、财力，造成成本损失。因此在招投标阶段，施工单位应首先判断信息的来源，验证其准确性和可行性，经验证无误后方可进行下步工作，从而不至于做无用功，减少成本浪费，从而控制成本风险。

（2）报价失误风险。现在施工市场竞争压力很大，导致施工单位常采取低价夺标策略，寄希望于高价索赔；但如果选择低价夺标进入市场，一旦出现报价判断失误的情况，则施工单位投入的全部精力和资金，不但不能获利，甚至无法回收其成本。因此施工单位在进行报价时，应对管廊市场做好充足的调研，判断市场将来的发展，进而再采取合理的报价策略。尽管高风险带来高的收益，但是首先应遵从行业规范、市场规则，采取良性的竞争，这不仅能提高自己的声誉，更能促进整个行业的发展。

3.5.3　进度控制风险

在项目计划工期内，不能完成任务的可能性就是进度风险。进度风险包括进度风险事件发生造成的损失值和进度计划的工期超过实际工期的概率。管廊项目的工期是指从开工到竣工投产的总持续时间，总时间是由合同订立时确定的，它确定了整个工程的进度计划，进度计划又决定了施工的时间规划，进而确定了每一个工序的起止时间，以及施工的先后次序和施工的快慢节拍，是工期控制的有效工具。由于管廊项目的规模较大、施工工期较长、结构难等原因决定了管廊项目进度受许多风险因素的影响，在项目前期施工单位进度风险具体如下：

（1）交叉作业。管廊工程建设时间较长，存在一个工程项目交叉作业的现象，施工缺乏整体性和统一性，将会对项目建设的进度造成影响，带来进度风险。因此施工单位在前期应确定好工序的安排，防止作业交叉对进度造成影响。

（2）材料供应。材料供应风险指的是原材料、机具设备或其他资源的供应不及时，随着环境保护意识的加强，有些黄砂、石子等材料的供应地被保护起来，控制扬尘等规定也可能使污染较大的材料生产企业停业整顿，材料供应商无法履行供应约定，或者材料不合格，出现质量问题，达不到验收的要求，导致施工进度出现问题，带来进度风险。因此施工单位应选择合适的物资管理人员，有效地对接施工材料，保证供应商家具有良好的信誉。

（3）不可抗力。由于不能合理预见的自然灾害，如地震、洪水、台风，以及战争、暴乱、罢工等事件，导致施工中断或停止，影响管廊的建设进度。从统计来看，自然灾害出现的概率较小，但并不能排除，因此在项目前期编制施工方案时应提前做好应对自然灾害的准备。

本章以城市地下综合管廊项目参与建设各方单位为基础，对管廊项目前期所涉及的安全风险进行了一个系统的分析与梳理。其中政府部门主要影响管廊项目安全风险的因素包括政策、环境以及政府的干预不当等；建设单位从其资金供应因素、组织管理因素、前期规划研究因素等入手进行分析；勘察单位安全风险包括勘察质量风险与勘察成果审核风险；设计单位风险包括设计方案风险与施工图设计风险；施工单位则主要从其质量控制角度、成本控制角度、进度控制角度来进行分析。前期安全风险因素分析有利于各参与方提前做好风险规划及应对措施，为后续风险管理提供基础。

4 城市地下综合管廊事故安全风险产生机理

4.1 安全事故发生机理分析

城市地下综合管廊的建设是一项复杂的系统工程，其施工过程往往面临施工周期长、作业场地受限、地质多变和多技术工种交叉等问题的困扰，也会涉及深基坑开挖、穿越既有建（构）筑物等复杂的不确定条件与环境，这些不确定因素都将给管廊的施工带来安全风险，从而造成人员伤亡、基坑坍塌、机械伤害等安全事故发生。

4.1.1 事故风险产生机理分析

事故指系统运行过程中发生的意外的突发的事件总称，导致系统正常运行中断，并造成人员伤亡和经济损失等不良后果。国际组织提出的职业安全卫生管理体系规范中，事故的定义为：造成死亡、职业病、伤害、财产损失或其他损失的意外事件。同时，安全事故形成必须同时具备三个条件：（1）存在遭受破坏的对象——承载体；（2）有引起破坏的能力——致险因子；（3）涉及可能会产生事故的区域和环境——孕险环境。它们是可能会发生安全事故的地区和环境、导致破坏的因素和被破坏的对象。

管廊安全事故的产生机理可描述为以下过程：孕险环境的存在，加上各种致险因子（人的不安全行为或物的不安全状态）的诱导，产生了不合理的能量释放和物质释放，当承载体的损失超过一定界限时，事故便发生了。管廊施工事故发生机理示意图见图4.1。

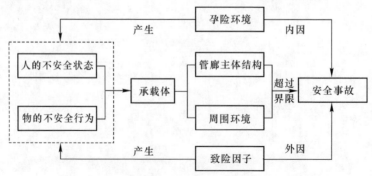

图 4.1 管廊施工安全事故发生机理

4.1.1.1　孕险环境

孕险环境是指可能会产生事故的区域和环境。例如，管廊采用盾构法施工时，不良地质状况下的土层环境、地下水文情况、既有建（构）筑物等都能构成孕险环境。如果地下水位足够低，盾构进出洞的事故发生率将下降很多；若管廊施工时周围不涉及复杂的既有建（构）筑物，就会减少很多施工难题和环境影响问题。因此，孕险环境的存在是事故发生的客观基础，也是决定事故是否发生的根本性因素，我们将它称为事故的内因。若在管廊施工前期，通过合理规划、选择最佳施工路线等手段，尽量避开已知的孕险环境，则施工事故发生的可能性会大大降低。在管廊施工过程中，实际存在的孕险环境非常复杂，本书将孕险环境分为工程水文地质环境和工程建设周边既有建（构）筑物两大类进行分析。具体分析见表4.1。

表 4.1　地下综合管廊施工孕险环境分析

孕险环境	分析内容	具体分析
工程水文地质环境	地层方面	地层层次分布情况、不同岩土介质材料的物理力学性质与参数、岩土介质在切削搅拌后的流动性、黏性和变形、湿陷性黄土等不良地质
	水文方面	岩土的渗透性、含水量、流向与流速；水位、水压和水的冲刷力；水的腐蚀性；水的补给来源；地下空洞
周边既有建（构）筑物	周边建筑物	建筑物的使用年限、基础类型、结构类型和文物/文化价值等
	与工程管廊之间的空间关系	平行施工、交叉施工等情况
	地下、地上管线	管线的类别、年限、材料等

4.1.1.2　致险因子

在管廊施工过程中，引起安全事故的原因有很多，其中直接原因可以归结为致险因子。安全风险因素有很多来源，如在盾构推进中遇到障碍物，进出洞加固区加固不足，通道施工采用冻结法而产生的冻融、冻陷，以及机械故障等都是施工事故的致险因子。在借鉴事故致因理论和4M1E理论研究的基础上，将安全风险因素划分为5个维度，即人为因素、机械材料因素、环境因素、管理因素和施工技术因素。一般情况下，多个因子交互作用，才会引起事故的发生。

4.1.1.3　承载体

承载体是指事故发生后承担事故损失的对象，如大型施工机械、基坑、建（构）筑物、地下管线、路面系统、生态环境等。以湿陷性黄土地区城市地下综合管廊工程盾构法施工风险为例，承载体包括以下元素：盾构机、地面建（构）筑物、路面系统、地下管线、已建隧道、社会群体和生态环境。

4.1.2　地下管廊施工过程安全风险因素分析

安全事故的发生离不开一系列原因的诱发，而这些原因存在于施工过程中的安全风险因素。安全风险因素可来自诸多目标主体，例如人的不安全行为、管理缺陷、机械缺陷、材料不合格等。这些安全风险因素在施工过程中相互影响且彼此作用，就会导致安全事故的发生。本节安全风险因素的选择与划分主要基于事故致因理论、轨迹交叉理论和4M1E理论，将安全风险因素分划为"人为-管理-施工技术-机械材料-环境"5个维度，并对每个维度下的风险因素进行了归纳总结分析。

4.1.2.1　人为风险因素分析

1931年，海因里希理论指出人为因素风险占事故风险的80%，人是事故中最活跃的因素[10]，且根据国家安全生产监督管理总局数据显示，每年发生的施工安全事故中，80%以上都是由于人的不安全行为造成的。可见，大部分事故是由于施工人员的不安全操作和管理人员的不规范管理造成的。因为人是施工的主体，因其生理状况、心理特性的差异性，每个人都存在自身固有的弱点均不相同，使"人"这个施工主体难以控制，所以施工人员和管理人员的素质对安全事故的发生与否具有很大的影响。

要对人为风险因素进行分析，首先要对人员本身具备的安全掌控能力进行分析。施工人员为了将可能会遇到的安全风险降到最低，他们会将自身的经验知识、技术技能、心理素质和工作态度等潜在的品质综合运用到工作中。城市地下综合管廊施工过程中，设计人员、施工人员、安全管理人员以及监理人员的行为均能影响施工安全。在安全事故发生过程中这些工程参与人可能产生的风险因素的表现分析如表4.2所示。

表4.2　人为风险因素分析表

人为风险	原　　因	具　体　表　现
岗位操作技能掌握不足	1. 新技术掌握程度不足； 2. 特种作业无证操作	1. 未熟练掌握操作技术流范或者未严格按照操作规范操作，从而易产生机械伤害、人身伤害； 2. 工作人员擅自排除照明、办公设备故障，造成触电、高处坠落等事故发生

人为风险	原 因	具 体 表 现
施工人员安全防护措施存在缺陷	1. 个人劳动防护物品未穿戴齐全，仅简单配备安全帽等； 2. 施工现场的防护设施设置不符合相关标准的规定，设施与设备本身也存在缺陷或不足	1. 作业人员未按照规定穿戴防护用品，因此造成人身伤害； 2. 作业人员个人的安全防护设备使用不当； 3. 在电力线附近加工钢筋而防护措施不全造成触电事故
施工人员安全知识匮乏，违章作业	1. 一线人员流动性大，而企业不愿意花时间和资金专门组织培训，导致一线工人普遍缺乏基本的安全教育培训； 2. 安全意识薄弱； 3. 连续工作时间过长	1. 交叉施工时上下传递投掷物料； 2. 模板拆除顺序颠倒，导致模板体系倒塌，人员伤亡； 3. 人员交接工作不完善，导致部分隐蔽工程存在安全隐患，影响后期施工

4.1.2.2 管理风险因素分析

由管理风险的特征可知，管理风险因素主要体现在管理人员的管理能力和对相关规章制度的执行程度。作为一项复杂系统工程，城市地下综合管廊在施工过程中，可能引发安全事故的隐患存在于施工场地的各个地方，其不同施工阶段也对应不同复杂程度的管理、决策和组织等问题，如果缺乏完善的管理制度和有效的监管力度，很容易造成安全事故的发生。

管理因素风险的发生有以下可能：（1）组织机构设置不合理；（2）企业安全文化缺失（员工教育与培训不足、安全激励制度不合理等）；（3）施工现场安全监管不到位。施工过程中存在的管理因素风险见表 4.3。

表 4.3 管理因素风险分析表

管理风险因素	原因	具体表现举例
施工现场管理混乱	1. 各层管理人员的安全管理意识不统一，在执行安全制度与安全检查时不能彻底贯彻管理要求； 2. 各部门间沟通不畅，职责不分明	1. 一般施工现场工程工序繁琐，作业人员相对较多，管理疏漏会造成组织混乱、操作无标准等情况，不仅影响工期，还会发生许多施工不应有的事故； 2. 安全管理责任未落实到每个岗位，信息传递反馈不及时，影响突发事件的预防与处理
安全管理规范执行不到位	1. 安全意识淡薄，存在侥幸心理； 2. 责任心不强，执行力不足	1. 安全教育缺失使作业人员缺乏安全意识，易产生违规操作、无证上岗等问题，导致安全事故发生； 2. 不能合理优化分配资源，专业安全人员配备不达标，应急预案不完善

4.1.2.3 施工技术风险因素分析

施工技术风险因素主要指施工过程中涉及的新技术、新工艺、施工顺序、模板支撑体系、基坑支护等因素。施工技术风险因素具体分析见表4.4。

表 4.4 施工技术风险因素分析表

施工技术风险因素	原因	具体表现
基坑支护风险	1. 深基坑支护方案的选择不当； 2. 土方开挖方法选择不当； 3. 围护系统施工不合理，导致支护结构变形过大； 4. 未编制专项施工方案； 5. 施工单位未按设计及规范要求进行施工，坑底留土高度不够	1. 挡土墙锚杆深度不达标，导致支护结构失效，易引起基坑坍塌等事故发生； 2. 盲目减小规定的锚杆安全系数，致使锚杆抗拔力差，导致基坑整体的维护结构失稳
排水、降水、防水不当	1. 挡土结构未设置止水帷幕或止水帷幕有缺损； 2. 基坑开挖施工时间过长，未有效地对地表水进行截流； 3. 降水井点布置不合理等	1. 施工时没有采用有效的降、排水措施，黄土层受影响而湿陷，内聚力降低，容易引起塌方等事故； 2. 土方开挖、放坡如受到雨水、地下水等的影响，使土体摩擦系数降低产生滑坡，易导致滑坡等事故发生；
大型模板体系	1. 未编制专项施工方案； 2. 支架基础设置不当； 3. 杆件连接不符合规范等	1. 大型模板体系工程的工作体量大，应编制专项方案对安全系数进行验证，否则容易发生模板倒塌等事故； 2. 模板作业人员常面临高空作业，且台面上存在许多孔洞，易发生高处坠落和高空打击

4.1.2.4 机械材料风险因素分析

机械材料风险因素包括机械设备因素和材料因素两方面。机械风险因素主要是指：设备机器安装不合理、缺少设备安全防护装置、机器操作不当、设计缺陷与设备未定期检查等。如施工设备本身与施工需求不匹配、未按适合自身安装作业方式和工作空间进行安装等，都会诱发后期事故。材料因素主要指质量不达标的材料，它的使用不仅会对人体和设备造成危害，而且也有可能引发其他灾害事故。如施工材质强度达不到设计要求，在施工过程中可能导致结构力学性能不足，造成结构倒塌、人员伤亡等事故。

在城市地下综合管廊施工过程中，常见的施工机械设备有盾构机、顶管机、起重机、打桩机和灌注桩机等，常用的施工材料有钢材、混凝土盾构管片和防水卷材等，这些机械或者材料均可能成为诱发事故的风险因素，具体分析见表4.5。

表4.5 机械材料风险因素分析表

机械材料风险因素	原因	具体表现
盾构机选型不合适、操作使用不当	1. 地质水文情况勘察失误，导致机械选型失误； 2. 作业人员经验不足，违规操作	1. 盾构选型不当造成刀头磨损，泥浆泵及管路堵塞、磨损，主轴承磨损、密封件防水失效； 2. 盾构机拼装工作不当引起管片拼装过程中管片之间相互挤压产生破损，导致漏浆、渗水，引起地表沉降
机械未定期维修	1. 施工单位为了降低成本，擅自延长使用时间； 2. 监管不善； 3. 机器零件老化、缺失等	1. 龙门吊的钢丝绳、卡环等损坏仍然作业； 2. 起重机钢丝绳编结不规范仍然作业
材料质量不合格，堆放混乱	1. 施工单位为了降低成本偷工减料； 2. 材料堆放杂乱，且靠近基坑	1. 混凝土强度不符合建造要求、防水卷材质量差、盾构管片精度不够等； 2. 基坑附近堆放大量材料，造成边坡荷载过大，导致基坑塌陷或结构变形等问题

4.1.2.5 环境风险因素分析

环境风险因素是指在施工过程中，由于城市地下综合管廊建设施工场所多位于城市内部，且具有空间狭小的地域特殊性，其施工场地周边的交通管线、水文地质条件、天气及人际关系等均会对施工造成困扰。环境因素风险包括：（1）施工作业环境；（2）不可预见的自然环境；（3）周边建筑环境影响；（4）复杂的社会环境等。

管廊属于狭长形地下结构，其施工场地多位于新旧城区，周边的道路交通、既有建（构）筑物、市政管线和居民生活等因素均会影响管廊施工。此外，管廊施工属于地下工程，深基坑开挖受水文、黄土地质条件影响较大，也容易发生安全事故。因此，环境风险因素在湿陷性黄土地区管廊施工过程中需要着重考虑，具体表现分析如表4.6所示。

表4.6 环境风险因素分析表

环境风险因素	具体影响因素	具体表现
地质水文风险	1. 湿陷性黄土等不良地质条件； 2. 地下水渗水（降水不力）、承压水高度变化等	1. 湿陷性黄土地质，具有水敏性、结构性、欠压实性等工程地质特性，土体承载力差； 2. 地下水位较高，基坑开挖时导致地下水的砂层压力降低，地下水异常压力造成基坑底板破坏，产生突涌等现象

环境风险因素	具体影响因素	具体表现
既有管线问题	1. 空中管线杂乱交错，高度不一； 2. 未对地下管线进行复勘分析，专门设计施工方案	1. 受作业空间限制，容易误触高压电线等，发生触电事故； 2. 地下施工改变黄土层应力，使邻近既有管线沉降或变形，导致煤气管道破裂漏气、通信电缆断开，严重时会造成爆炸、火灾等事故
周边环境及自然因素的影响	1. 邻近建筑物位移变化，发生倾斜等； 2. 周边道路交通的影响； 3. 天气（自然）灾害影响	1. 深基坑开挖导致黄土层应力场和位移场变化，使得邻近建筑物发生沉降开裂或位移变化，影响居民的人身财产安全； 2. 施工场地布局受正常道路交通、设备材料堆放、雨雪天气、车辆运输路线等的影响，易发生交通事故

4.1.3　风险事故的动态形成过程分析

城市地下综合管廊施工事故多为坍塌事故（湿陷性黄土、基坑支护不当等），机械伤害事故（作业区限制、操作不当等）、管道破坏事故（地下环境复杂）等，但是这些事故的发生不仅仅是由人为因素、环境因素、施工技术因素等单一的风险因素造成的，更是多种风险因素相互耦合作用造成的。"耦合"的概念最早是在物理学领域中出现的，它被描述为是两个或多个系统之间因相互作用影响以致结合在一起的现象[11]；"风险耦合"是指系统在活动过程中某风险因素的变化影响其他风险因素，进而产生彼此间联动作用的反应[12]。地下综合管廊施工过程中，多种风险因素并存，且各风险因素间相互联系的作用，将施工过程中各风险因素间的相互依赖和影响关系称为施工安全风险耦合。因此，则存在双因素风险耦合，如"人为-机械材料""机械材料-管理"等耦合形式；多因素风险耦合（3个及以上风险因素相互作用），如"人为-管理-环境""人为-机械材料-管理-环境-施工技术"等耦合形式。

管廊施工作为一项复杂的系统工程，具有自我调节和自我修复的功能，各子系统中影响项目施工安全的风险因素在传播过程中交互促进，不同的风险之间相互影响作用，如果经过系统的耦合振荡器之后，风险耦合作用没有得到破坏，那么风险就会突破阈值，使得风险流能量增强导致风险增大或产生新风险，最终导致安全事故发生[11]。湿陷性黄土地区城市地下综合管廊施工安全风险耦合致因模型见图 4.2。

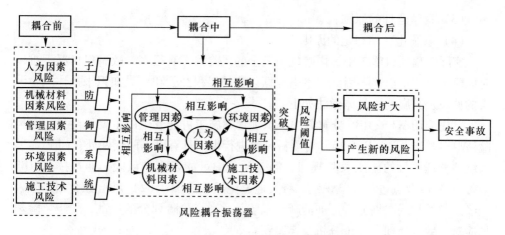

图4.2 施工安全风险耦合致因模型

4.2 城市地下综合管廊施工风险因素识别

近年来,国家大力推动城市地下综合管廊的建设工作。管廊作为城市中现代化、集约化较强的基础设施,在建设过程中,一旦出现严重的安全风险,将会影响城市地下管线的稳定运行。因此,做好城市地下综合管廊施工安全风险识别工作,为风险评价打好基础,能够有效减少管廊施工安全事故的发生,实现对管廊中各项管线的高效集约管理。我国城市地下综合管廊建设工作起步较晚,这在一定程度上增加了管廊施工安全风险辨识以及评价工作的难度。

除此之外,对城市地下综合管廊施工安全风险进行系统全面的识别,有助于保证管廊施工安全风险得到全面控制,有效减少管廊施工安全事故的发生[13]。相关研究人员则可根据地下管线的分布情况,创建合理适用的管廊施工安全风险评价模型,保证城市地下综合管廊整体施工质量,也有助于降低城市地下综合管廊施工安全风险的发生概率。

本节主要依托城市地下综合管廊施工工法,从不同工法的施工特点出发,基于"人为–机械材料–环境–管理–施工技术"5个维度对管廊施工风险因素进行识别和标识,通过分析实际工程中各种风险因素间的影响作用,并参考《中华人民共和国安全生产法》《城市综合管廊工程技术规范》(GB 50838—2012)、《建筑施工安全检查标准》(JGJ—2011)、《施工企业安全生产评价标准》(JGJ/T 77—2010)、国内外文献和历史数据等,将管廊施工人员、施工机器、环境和管理等风险因素进行分解,直至识别出风险因素,保证风险识别的全面性、整体性和系统性。在进行风险识别时需要遵循以下原则:

(1)全面周详的原则;

(2)综合考察的原则;

（3）科学合理的原则；

（4）系统化、动态化的原则。

实际工程项目施工中，影响施工安全的风险因素有很多，故一般情况下难以对风险进行定量描述。因此，本书根据以往的工程经验和专家知识来描述风险因素的性质及其影响，具体做法如下：

首先应用 WBS-RBS 分解方法，识别管廊施工可能发生的主要风险，建立风险清单。基于 WBS-RBS 矩阵对项目风险进行识别具有以下两点好处：（1）能够系统地整理项目的施工风险规律，涵盖项目中可能发生的风险，通过按照 RBS 对每个 WBS 节点进行风险识别，有效地避免风险遗漏；（2）风险分类和风险因子经过归类和层次划分后更加清晰、系统，避免了风险划分的混乱，便于风险规划应对、数据处理、评价分析及经验积累等[14]。

之后采用专家咨询法和层次分析法，分析风险因素的重要性。采用专家咨询法时通过发放调查问卷（回收 68 份）进行专家调查和专家访谈，对风险指标的选择进行初步识别，采用专家认同率（专家认同率是由专家对风险指标的重要度选择人数与调查问卷的有效份数相除得到）进行数据统计，对于认同率在 60％以上的风险指标为确立的风险指标，认同率低于 60％的指标为剔除的指标[15]。

最后确定风险指标，构建风险因素之间的隶属关系，估算风险因素的发生概率，运用物元可拓法对管廊施工风险进行定级，针对管廊不同施工工况，完成城市地下综合管廊施工风险评价。

4.2.1　明挖法施工安全风险因素识别

明挖法是指挖开地面，完成隧道（或车站）主体结构，最后回填基坑或恢复地面，利用支护结构支挡的条件，在地表进行地下基坑开挖，在基坑内施工做内部结构的施工方法，简单地说就是从地面上直接挖掘再盖上钢筋混凝土层。

明挖法施工简单、方便，地层表面附近（浅埋）修建的地下工程多属于明挖法修建的地下工程，这些工程包括地下商场、地下停车场、城市地铁、人防工程及地下工业建筑等，这类工程主体结构的建造，实际上采用的是一种开敞式的施工方法，与地面结构建造方法类似，通常是待主体结构完成后，掩土覆盖，使地面恢复原样。

一般来说，明挖法具有以下显著优点：

（1）工序简单、管理方便；

（2）施工场地宽敞、施工机械选择方便；

（3）施工进度快；

（4）施工质量可以得到充分保证；

（5）工程造价较低。

19世纪中后期，很多世界级的大城市，如德国柏林、美国纽约、英国伦敦在开始兴建地铁的时候都采用了明挖法[16]。在现代科学技术的发展浪潮中，明挖法施工技术不断地改进，已成为较成熟的施工工艺。对明挖法管廊施工的研究多集中在微观的施工层面，现有应对明挖法管廊施工安全风险的措施，多以改善施工工艺或采取其他相应的保护措施为主。虽然目前我国城市地下综合管廊施工技术在不断地进步，管廊施工质量不断地改善，但由于管廊施工项目周期长，工程量大且施工多处于市区人群及交通密集地带等原因，其施工过程给周围交通、居民带来的不便甚至是由此使得交通事故的增加成为管廊施工的通病。而明挖法具备以上提及的一系列优点，能够使管廊在建设过程当中缩短工期，降低成本，并且提高管廊的施工质量和施工效率，达到优化项目三大目标的目的，极大地保障了施工企业的经济效益，也在一定程度上提高了社会效益。与暗挖法相比，明挖法具有更大的优势。明挖法在城市地下综合管廊施工过程中不仅经济安全，而且简单快速。因此，众多学者对明挖法进行了深入研究，到现在为止已经成为一种地下工程建设普遍使用的方法。近年来，城市地下工程建设中越来越广泛地运用到明挖现浇法，包括城市地下综合管廊的建设中，并且随着对管廊明挖现浇法施工质量控制的深入研究，目前已有工程的施工质量越来越得到保证，同时也为后续的运行维护阶段提供了保障。

城市地下综合管廊施工明挖法又包括明挖现浇法和明挖预制拼装法。

明挖现浇法是一种先形成支护体系进行支挡，随后对地表直接开挖形成地下基坑并且在所挖基坑内部施工完成内部其他结构的施工方法。它的特点是原理简单，操作方便，经济效益好，对于新建城市的管网建设，此方法优势明显，是城市地下综合管廊施工过程中最经常采用的一种施工方法。明挖预制拼装法是一种依托大规模的预制厂、大吨位的运输及起吊设备的施工方法。因此，其对施工技术的要求较高，工程造价也相应较高，但其具有施工周期短、施工质量有保障等优势。当前，预制拼装法是城市地下综合管廊发展的一个必然趋势。

其施工的主要工序如下：

（1）架设围挡，管线改移，降水、地基加固，进行地下连续墙施工；

（2）按照"先支撑后开挖"的原则，依次架设三道支撑，第一道支撑一般为混凝土支撑，后面几道支撑一般为钢支撑，直至基坑底部；

（3）对基坑底部进行处理，施工底板垫层，铺设防水层，并在边墙部位预留施工缝；

（4）拆除第三道支撑，向上施工中板、纵梁以及柱，并铺设防水层，浇筑

边墙;

（5）拆除第二道支撑，继续向上铺设防水层;

（6）拆除第一道支撑，回填覆土，恢复改移的管线以及路面，施工站厅层的其他结构。

明挖法施工风险因素认同率见表4.7。

表 4.7　明挖法施工风险因素认同率

序号	风险源种类	监控项警兆指标	选择重要的人数/名	选择一般的人数/名	选择其他的人数/名	专家认同率/%
1	人为风险	未穿戴安全防护用品	68	0	0	100.00
2		岗位操作技能不足	60	5	3	88.24
3		特种作业无证操作	61	4	3	89.71
4		连续工作时间过长	63	4	1	92.65
5		交接工作不完善	58	6	4	85.29
6		临时处置风险能力不足	60	4	4	88.24
7		安全意识淡薄	68	0	0	100.00
8		人员文化水平不高	38	16	14	55.88
9	管理风险	安全警示及紧急疏散标识缺失	58	8	2	85.29
10		安全通道不畅通	65	3	0	95.59
11		应急、医疗设备配备不合格	53	10	5	77.94
12		缺乏安全教育培训	62	4	2	91.18
13		专业安全人员配备不达标	59	6	3	86.76
14		施工现场管理混乱	68	0	0	100.00
15		安全激励不足	52	10	6	76.47
16	施工技术风险	基坑支护不当	68	0	0	100.00
17		锚杆内力	20	6	42	29.41
18		纵坡失稳	62	6	0	91.18
19		管涌流沙突涌	56	10	2	82.35
20		特殊地质地基处理不当	62	6	0	91.18
21		排水降水不到位	66	2	0	97.06
22		模板支撑体系失稳	64	4	0	94.12
23		边坡荷载超载	58	8	2	85.29
24		坑底隆起	56	9	3	82.35
25		沉降位移监测不当	60	7	1	88.24

序号	风险源种类	监控项警兆指标	选择重要的人数/名	选择一般的人数/名	选择其他的人数/名	专家认同率/%
26	机械材料风险	机械设备选择不合理	58	6	4	85.29
27		机械设备未及时检修	48	8	12	70.59
28		机械设备操作不规范	58	9	1	85.29
29		缺少安全防护装置	60	7	1	88.24
30		机械交叉作业	57	9	2	83.82
31		钻杆断裂	31	22	15	45.59
32		混凝土强度不达标	62	6	0	91.18
33		沉渣过厚	15	10	43	22.06
34		钢筋笼变形或破坏	60	8	0	88.24
35		材料堆放混乱	48	13	7	70.59
36	环境风险	自然环境（雨、雪、地震）	45	12	11	66.18
37		道路交通条件复杂	44	14	10	64.71
38		地表水与地下水影响	62	6	0	91.18
39		湿陷性黄土等不良地质	56	10	2	82.35
40		工作空间受限	45	16	7	66.18
41		地下、空中管线	53	13	2	77.94
42		相邻建筑物影响	62	6	0	91.18

综上所述，本节立足于明挖法施工风险因素的识别，为管廊施工过程中采取安全风险防护措施提供依据。

4.2.2 暗挖法施工安全风险因素识别

暗挖法是一种不直接进行地面开挖，而采用在地下挖隧道/洞的施工方法。常见的暗挖法有浅埋暗挖法、顶管法和盾构法等。本节主要介绍和分析浅埋暗挖法以及顶管法的施工安全的风险因素。由于盾构法具有明显的优越性，已经成为目前国内外隧道施工应用最广泛的方法，所以本书将盾构法列为单独的一节加以详细分析。

4.2.2.1 浅埋暗挖法施工安全风险因素识别

浅埋暗挖法是20世纪80年代中期基于王梦恕院士在大量的科研与实践活动中总结创立而来的施工方法，其既有矿山法的工法，又结合了新奥法的优势，是一种行之有效的施工方法[17]。浅埋暗挖法属于暗挖施工中的一种，是一种在距离地表较近的地下进行各种类型地下硐室开挖的施工方法。通过近几十年的不断创新和发展，浅埋暗挖法不但在理论方面还是技术方面都日趋成熟，其施工方法、施工工艺已趋于完善，已能满足大部分工程需要，并在工程应用中展现了其特有的优势，因此广泛运用于国内地下建设工程中。

在城镇软弱围岩地层中，修建地下工程常用浅埋方法，此时遵循新奥法大部分原理，以改造地质条件为前提，以控制地表沉降为重点，以格栅（或其他钢结构）和喷锚作为初期支护手段，按照十八字原则（即管超前、严注浆、短开挖、强支护、快封闭、勤量测）进行隧道的设计和施工。

浅埋暗挖法沿用新奥法（new austrian tunneling method）基本原理，初次支护按承担全部基本荷载设计，二次模筑衬砌作为安全储备；初次支护和二次衬砌共同承担特殊荷载。采用浅埋暗挖法进行施工时，结合多种工法进行辅助，并运用不同的开挖方法及时支护、封闭成环，使其与围岩共同作用形成联合支护体系；在施工过程中应用监控量测、信息反馈和优化设计等手段，实现不塌方、少沉降、安全施工等目标，并形成多种综合配套技术。

浅埋暗挖法施工的地下硐室具有埋深浅（最小覆跨比可达 0.2）、地层岩性差（通常为第四纪软弱地层）、存在地下水（需降低地下水位）、周围环境复杂（邻近既有建、构筑物）等特点。浅埋暗挖法也具有总体造价较低、涉及拆迁少、灵活多变、不干扰地面交通和周围环境等优点。

浅埋暗挖法施工风险因素认同率如表 4.8 所示。

表 4.8 浅埋暗挖法施工风险因素认同率

序号	风险源种类	风险指标	选择重要的人数/名	选择一般的人数/名	选择其他的人数/名	专家认同率/%
1	技术风险	超挖/欠挖	54	9	5	79.41
2		爆破安全管理不到位	55	8	5	80.88
3		小导管长度不足	56	7	5	82.35
4		拱顶变形	62	4	2	91.18
5		注浆压力/长度不合适	57	6	5	83.82
6		防水工作不符合设计要求	58	6	4	85.29
7		初支背后出现空洞	61	5	2	89.71
8		基坑支护不到位	59	6	3	86.76
9		混凝土养护不到位	60	4	4	88.24
10		初期支护与二次衬砌间应力及表面应力不合适	61	6	1	89.71
11		基底隆起或变形	56	9	3	82.35

序号	风险源种类	风险指标	选择重要的人数/名	选择一般的人数/名	选择其他的人数/名	专家认同率/%
12	机械材料风险	机器工作疲劳	54	10	4	79.41
13		报警器失灵或失效	38	16	14	55.88
14		仪表值不正常	53	9	6	77.94
15		机器零件缺失	55	9	4	80.88
16		材料入场不及时	51	10	7	75.00
17		材料保管不规范	56	8	4	82.35
18		注浆机不畅通	50	11	7	73.53
19		超小导管尺寸不合适	55	11	2	80.88
20	环境风险	地质土层变化频繁	56	8	4	82.35
21		地表沉降过大	59	5	4	86.76
22		周围土体荷载过大	61	6	1	89.71
23		有毒有害气体	57	8	3	83.82
24		地下埋设物情况不明确	54	9	5	79.41
25		地上、地下管线影响	58	8	2	85.29
26		出洞时周围土体被破坏	59	7	2	86.76
27		地下水情况复杂	57	8	3	83.82

4.2.2.2 顶管法施工安全风险因素识别

顶管施工也是一种非开挖式的施工方法，这种施工方法在实施过程中不开挖或者较少开挖路面。顶管法施工是借助于工作坑内的顶进设备产生的顶力，克服顶进过程中管道与周围土壤的摩擦力，将管道按设计的坡度顶入土中，同时将土方运走。当一节管节完成顶入土层之后，再下第二节管节继续顶进，直至整个地下管廊隧道贯通。该方法主要是通过顶管机克服下穿土层阻力来进行的。主顶油泵和中继间等顶推工具推动混凝土或钢筋混凝土管道依次跟随顶管机从始发井至接收井并把顶管机从接收井调出的顶推过程。

其工作原理是借助于主顶油缸及管道间、中继间的推力，把工具管或掘进机从工作坑内穿过土层一直推进到接收坑内吊起。管道紧随工具管或掘进机后，埋设在两坑之间。顶管施工示意图见图4.3。

顶管法特别适用于大中型管径的非开挖铺设工程。该技术能够实现不开挖地面、不拆迁，不破坏地面建筑物、不破坏环境、不影响管道的段差变形；换言

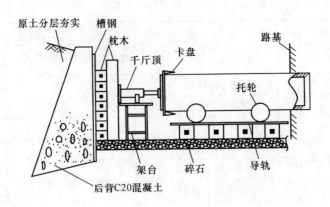

图 4.3　顶管施工示意图

之，它具有省时、高效、安全、综合造价低的诸多优点。

从技术层面上来说，顶管施工的技术要点在于纠正管节在地下延伸的偏差，同时有一个最突出的特点就是适应性问题，即针对不同土质、不同施工条件和不同的要求，必须选用与之相适应的顶管施工方式，这样才能使顶管施工高效高质量完成顶管施工；反之则可能会出现问题，严重的会使顶管施工失败，给工程带来巨大损失。

顶管施工前需综合考虑工程地质、施工场地、地上地下障碍物等因素，将管道路径分割成多个单顶段施工，并在分割点上设置工作井（接收井），工作井（接收井）一方面用于管材或机械顶管机头的进入（接收），另一方面用于顶进千斤顶设备的布置。在进行单顶段分割时，人工顶管每个单顶段为 40~60m，机械顶管每个单顶段为 80~200m。在分割为单顶段之后，就可以开始顶管工程的实施，一般顶管施工分为工作井施工、顶管设备安装、土体开挖清运、管道顶进等步骤，具体流程如图 4.4 所示。

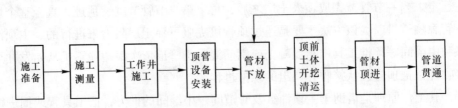

图 4.4　顶管施工流程示意图

顶管施工常用的方法有手掘式顶管法、挤压式顶管法、泥水平衡顶管法、气压平衡式顶管法、土压平衡顶管法、网格式挤压顶管法等方法。每种方法有不同的特点，可以满足不同土质、环境等情况下的施工。

挤压式顶管只适用于覆土深度较深的软黏土，并且通常条件下，不采用任何辅助施工措施。

手掘式只适用于能自立的土中，如果在其他的土质条件中，则需要有相应的辅助措施。如：在含水量较大的砂土中，需采用降水等辅助施工措施；在比较软的黏土中，需采用注浆以改善土质，或在工具管前加网格以稳定挖掘面。手掘式最大的特点是排除障碍的可能性最大、最好，因此适用于地下障碍较多且较大的情况。

半机械式的适用范围与手掘式大致相同，如果采用局部气压的辅助施工方式，则适用范围会更广泛。

泥水式顶管在许多条件下不需采用辅助施工措施，因此它的适用范围更广一些。

土压式的适用范围最广，尤其是加泥式土压平衡顶管掘进机的适用范围最为广泛，可以称得上全土质型，即从淤泥质土到砂砾层它都能适应（N 值在 $0 \sim 50$ 之间，含水量在 $20\% \sim 150\%$ 之间的土，此方法都能适应），而且通常也不用辅助施工措施。

相对于传统施工方法，顶管施工主要具有以下优势：

（1）该施工方法具有很强的环保性，除施工井之外，该施工方法对周围沿线的影响很小。

（2）不需要降低地下水位，从而减小地表与地上建筑物沉降的危害，且地面交通几乎不受任何干扰。

（3）顶管施工期间不会受到任何天气因素的影响，且大量地减少了被挖掘土的体积，从而降低土石方运输成本。顶管施工还具有可以铺设曲线管道的优点，其中曲线管道分为垂直曲线与水平曲线，当铺设垂直曲线时，顶管的工作井深度可以得到很大程度的减小。

（4）工期相对于明挖开槽埋设管线的方法要短，其经济效益比明挖法更好，尤其对于深层埋管施工。

与传统开挖式施工相比，顶管施工具有良好的施工效果、较低的成本投入以及非开挖施工等特点，使其能够便捷地穿越公路、铁路、河流以及建筑物，能够对施工环境起到有效的保护作用。所以，顶管施工技术因其特有的优势在市政工程中得到广泛应用，涉及工程有：城市地下给排水管道、天然气石油管道、通信电缆等各种管道的非开挖铺设。采用该技术施工，既可以节约一大笔征地拆迁费，同时也能够减少环境污染和道路的堵塞等问题，具有显著的经济效益和社会效益。

顶管法施工安全风险因素认同率如表4.9所示。

表4.9 顶管法风险因素认同率

序号	风险源种类	风险指标	选择重要的人数/名	选择一般的人数/名	选择其他的人数/名	专家认同率/%
1	技术风险	顶进速度不当	59	5	4	86.76
2		管道接头密封性不良	56	9	3	82.35
3		洞穴尺寸偏差	55	8	5	80.88
4		顶力不当	54	11	3	79.41
5		导轨安装偏差	61	4	3	89.71
6		顶管高程及轴线控制偏差	53	9	6	77.94
7		主顶油缸偏移	52	11	5	76.47
8		泥水管沉淀	54	10	4	79.41
9		洞穴尺寸偏小或不规则,盲目顶进	36	23	9	52.94
10		吊管过程中出现事故,或损坏管节、防腐层	50	10	8	73.53
11		就位时导轨安装不牢固或千斤顶偏离轨道中心	37	20	11	54.41
12		出洞时顶速不当	39	16	13	57.35
13		中继间间距设置不当	51	11	6	75.00
14	机械材料风险	机器工作疲劳	54	11	3	79.41
15		仪表值不正常	55	9	4	80.88
16		机器零件缺失	56	8	4	82.35
17		钢管变形扭转	53	8	7	77.94
18		密封防腐失效	54	7	7	79.41
19		长距离顶进中信息传递受阻	56	12	0	82.35
20		钢管焊缝渗漏	53	11	4	77.94

序号	风险源种类	风险指标	选择重要的人数/名	选择一般的人数/名	选择其他的人数/名	专家认同率/%
21		地质土层变化频繁	52	12	4	76.47
22		周围土体荷载过大	55	10	3	80.88
23		有毒有害气体	36	17	15	52.94
24		地下埋设物情况不明确	56	8	4	82.35
25		地上地下管线	51	11	6	75.00
26	环境风险	出洞时周围土体破坏	52	10	6	76.47
27		地下水位变化	50	14	4	73.53
28		地面沉降或隆起	55	9	4	80.88
29		降水措施不当	54	11	3	79.41
30		自然环境	56	10	2	82.35
31		环境潮湿导致漏电	34	20	14	50.00
32		管内通风不佳	55	8	5	80.88

4.2.3 盾构法施工安全风险因素识别

盾构施工也是暗挖法施工的一种,它在以往的施工方法上得到了提升,实现了全机械化。盾构技术的施工原理为:靠千斤顶在管片后部施加推力,使盾构机等向前推进;通过盾构机前端的刀盘等装置切割土体,通过传送带将切下的土体运至后侧,然后通过电瓶车与吊车运出洞外,同时边推进边加设管片;利用盾构机体和已经安装好的管片支撑土体,防止开挖好的隧道坍塌。

自动化作业的盾构机有以下优点:(1)集推进、拼装衬砌、出土等工序同步进行,极大地提升了工作效率,减轻了人工劳动量;(2)盾构区间作业无需开挖地面,对地面交通及地下管线等不会造成影响;当隧道穿越河道时不会干扰正常航运,施工过程中不会对外部产生噪声干扰,且施工中不受季节、风雨等气候条件影响;(3)当所修隧道较大或者长度较长时,采用盾构法施工有明显的经济和技术方面的优势,尤其在含水软土中更加明显。

但是盾构机也存在相应的缺点:隧道截面变化较频繁的区段,盾构机适应能力较差；当隧道区段较短时，盾构法明显不够经济，而且新型的盾构机价格较高。

近年来，随着盾构法施工技术的不断提高，机械化程度也越来越高，其对地层的适应性也越来越好。城市交通繁忙且市政建筑公共设施密集，明挖隧道施工会严重影响城市生活，特别是在城市中心，当隧道埋深较大且地质复杂时，明挖法施工建造隧道则难以实现。而盾构法在城市地下铁路、上下水道、电力通信、城市市政公共设施和其他隧道的建设中具有明显的优势。另外，由于其经济合理性，盾构法通常用于水下公路、铁路隧道或水工隧道的建设。

盾构法施工风险因素认同率统计如表4.10所示。

表 4.10　盾构法施工风险因素认同率

序号	风险源种类	监控项警兆指标	选择重要的人数/名	选择一般的人数/名	选择其他的人数/名	专家认同率/%
1		管片拼装精度不足	60	5	3	88.24
2		盾体吊装发生碰撞	53	9	6	77.94
3		掘进过程推进偏移	62	6	0	91.18
4		纠偏不当	58	7	3	85.29
5	技术风险	注浆压力不当	61	4	3	89.71
6		排土量速度控制不当	55	8	5	80.88
7		进出洞过程中突水、漏水	66	2	0	97.06
8		盾构后退	64	4	0	94.12
9		出洞段轴线偏离设计	59	9	0	86.76
10		开挖面断裂	68	0	0	100.00
11		设备老旧	36	22	10	52.94
12		管片质量缺陷	63	4	1	92.65
13		过度操作	39	24	5	57.35
14		密封件密封效果差	55	8	5	80.88
15	机械材料风险	轴承失效、断裂	66	2	0	97.06
16		排渣螺旋机出土不畅	58	6	4	85.29
17		浆液材料不符合标准	50	9	9	73.53
18		吊装、安装过程中零部件损坏	60	5	3	88.24
19		渣土特性不符合要求	44	16	8	64.71
20		刀头磨损	56	7	5	82.35

序号	风险源种类	监控项警兆指标	选择重要的人数/名	选择一般的人数/名	选择其他的人数/名	专家认同率/%
21	环境风险	周围管线影响	61	7	0	89.71
22		照明不良	28	15	25	41.18
23		基坑围护	35	15	18	51.47
24		障碍物清理不及时	54	12	2	79.41
25		地层加固不当	49	12	7	72.06
26		地下水位控制不当	60	6	2	88.24
27		前方地质预报不准	65	3	0	95.59
28		工作地点与道路情况不良	38	22	8	55.88
29		工程桩顶部水平位移	32	27	9	47.06
30		盾构进出洞时姿态突变	65	3	0	95.59
31		上部覆土坍塌	68	0	0	100.00

4.3 城市地下综合施工安全风险指标建立

4.3.1 风险指标建立原则

城市地下综合管廊施工安全风险指标是测算管廊施工安全风险大小的主要依据,并且这些风险指标按照一定的层次关系形成一个系统。如果风险指标在挑选时考虑过于宽泛则会导致风险分析时计算量庞大,模型层次过于复杂;但是如果指标挑选过于单一又不能全面反映管廊施工存在的安全问题,并且风险指标选取是否合适还会影响依据指标体系而提出的风险管理措施,所以风险指标的选择应该遵循以下几项原则:

(1)全面性原则。所选取的风险指标应该能全面地反映项目所处的风险状态,单一指标只能描述某一个方面的风险,无法全面反映项目风险状态。因此,从全面性角度出发,则需要选取相互关联、相互补充的指标。

(2)客观性原则。风险指标必须能够真实地反映项目风险状态,即真实可靠。因此,每一个指标数据都需要客观精准。

(3)系统性原则。影响城市地下综合管廊施工安全的风险因素所涉及的方面十分广泛,各个风险因素之间的关系也是错综复杂,只有从系统的角度出发对指标进行合理的取舍,才能清晰地描述各指标间的层次性和相关性。

(4)可测性原则。选取项目风险指标时应该挑选容易收集或容易量化测算的指标,而且对各指标的语义描述应该清晰明确,这样能够更准确地对项目的风险等级进行测算，因此太抽象的因素不能被选取。

（5）灵敏性原则。所挑选的指标应该是敏感的，一个细小的变化即能反映风险大小的变化。因此所选指标不仅要有代表性，还要能反映出风险的本质和特征，这样才会具有灵敏性。

（6）可比性原则。同一层次的风险指标应该具有可比性，因此指标取值需要选取相对值，这样既能比较直观地反映真实情况，同时也便于比较指标/层次相互间的优劣情况。

4.3.2　风险指标建立

根据前面的分析，基于系统论从"人为-管理-技术-机械材料-环境"5个方面进行结构分解，并结合专家认同度分析，剔除认同度小于60%的风险指标，再经过专家讨论，增加了个别指标，整合得到城市地下综合管廊施工阶段风险因素识别总体列表。

明挖法施工主要风险集中在基坑工程，基坑工程是指要保证基坑施工、管廊主体结构安全和周边环境不受损害而采取的支护、降水、土方开挖与回填等措施。基坑施工过程中土体性状和支护结构的受力状态随着施工工况不断变化，且管廊施工多在建筑物密集、管线复杂交错区域，施工场地狭窄且对环境保护要求高，基坑事故的破坏性巨大，一旦出现安全问题，则会危及周边人员的生命及财产安全，造成巨大社会负面影响。因此，明挖法施工风险主要集中在基坑工程的支护结构、水文地质条件、施工场地的周边环境等方面。

浅埋暗挖法施工风险主要集中在初期支护和二次衬砌阶段，在施工中应结合地质情况，初步制定支护方案，根据地质条件变化，因地制宜，采取有效的控制措施。在二次衬砌阶段，采取以稳固围岩为主、加固衬砌与稳固围岩相结合的综合处理原则，对于此工法应提早完成二次衬砌。

顶管法施工风险主要集中在顶管机工作、土方开挖及钢支撑的架设阶段，其中顶管机基座的底面与工作井的地板之间要保证接触面积满足要求，对吊装方案也要进行严格把关。此外，在土方开挖及钢支撑的架设阶段，需要在事前对方案进行论证，事中对土方的开挖及钢支撑架设进行安全方面的监控。

盾构法施工风险主要集中在盾构推进的过程中，盾构机掘进过程中前方土体性状随着施工工况不断变化，掘进速度的控制及掘进轴线的控制都时刻影响着整个盾构施工的安全。

作为一个复杂的工程项目，城市地下综合管廊工程存在多个不确定的风险因素。本书在进行安全风险管理指标的建立时，借鉴相关施工规范，以及参考其他的类似的工程在进行安全评估时所建立的安全风险管理指标，同时结合工程项目实例的具体情况，通过调查、咨询施工方有关管理人员以及请专家进行论证等方法确定出风险评估的指标，在科学、系统和具有可操作性的基础上，建立安全风险管理指标体系。

在构建管廊施工安全风险评价指标体系的过程当中，需要重点关注以下两个问题：

（1）做好指标体系构建的结果预测工作，应该及时摒弃不适用的指标构建结果。

（2）明确城市地下综合管廊施工安全风险因素，并根据以往经验筛选施工安全风险评价指标及体系，以验证所构建评价指标模型的可行性，提高管廊施工的质量和效率。

因此，应该通过构建合理完善的施工安全风险评价指标体系，选择合理先进的施工工艺，使城市地下综合管廊施工安全风险评价工作顺利进行，并选择合理先进的施工工艺和相应的风险控制措施，能够更好地提升管廊施工风险控制效果，以保证城市地下综合管廊的建设质量，推动城市经济稳定发展。

此外，在构建完善的施工安全风险评价指标的基础上，还需明确各个风险集合之间的关系，并对集合关系进行量化处理，准确计算出各项施工安全风险评价指标的关联度。本书通过现场调研、专家访谈等方式，初步形成城市地下综合管廊施工安全风险指标表，如表 4.11 所示。

表 4.11 城市地下综合管廊施工安全风险指标表

工法	序号	风险种类	风险指标
明挖法	1	人为风险	未穿戴安全防护用品
	2		岗位操作技能不足
	3		特种作业无证操作
	4		连续工作时间过长
	5		交接工作不完善
	6		临时处置风险能力不足
	7		安全意识薄弱
	8	管理风险	安全警示及紧急疏散标识缺失
	9		安全通道不畅通
	10		应急、医疗设备配备不合格
	11		缺乏安全教育培训
	12		专业安全人员配备不达标
	13		施工现场管理混乱
	14		安全激励不足

续表 4.11

工法	序号	风险种类	风险指标
明挖法	15	施工技术风险	基坑支护不当
	16		纵坡失稳
	17		管涌流沙突涌
	18		特殊地质地基处理不当
	19		排水降水不到位
	20		模板支撑体系失稳
	21		边坡荷载超载
	22		坑底隆起
	23		沉降位移监测失误
	24	机械材料风险	机械设备选择不合理
	25		机械设备未及时检修
	26		机械设备操作不规范
	27		缺少安全防护装置
	28		机械交叉作业
	29		混凝土强度不达标
	30		钢筋笼变形或破坏
	31		材料堆放混乱
	32	环境因素	自然环境
	33		道路交通条件复杂
	34		地表水与地下水影响
	35		湿陷性黄土等不良地质
	36		工作空间受限
	37		地下管线
	38		相邻建筑物影响
浅埋暗挖法	1	技术风险	超挖/欠挖
	2		爆破安全管理不到位
	3		拱顶变形
	4		注浆压力/长度不合适
	5		防水工作不符合设计要求
	6		初支背后出现空洞
	7		基坑支护不到位
	8		混凝土养护不到位

工法	序号	风险种类	风险指标
浅埋暗挖法	9	技术风险	初期支护与二次衬砌间应力及表面应力不合适
	10		基底隆起或变形
	11	机械材料风险	小导管长度不足
	12		机器工作疲劳
	13		检测设备故障
	14		机器零件缺失
	15		材料入场不及时
	16		材料保管不规范
	17		注浆机不畅通
	18		超小导管尺寸不合适
	19	环境风险	地质土层变化频繁
	20		地表沉降过大
	21		周围土体荷载过大
	22		有毒有害气体
	23		地下埋设物情况不明确
	24		地上、地下管线影响
	25		出洞时周围土体被破坏
	26		地下水情况复杂
顶管法	1	技术风险	顶进速度不当
	2		管道接头密封性不良
	3		洞穴尺寸偏差
	4		顶力不当
	5		导轨安装偏差
	6		顶管高程及轴线控制偏差
	7		主顶油缸偏移
	8		泥水管沉淀
	9		吊管过程中出现事故
	10		中继间间距设置不当
	11	机械材料风险	机器工作疲劳
	12		仪表值不正常
	13		机器零件缺失
	14		钢管变形扭转

工法	序号	风险种类	风险指标
顶管法	15	机械材料风险	密封防腐失效
	16		长距离顶进中信息传递受阻
	17		钢管焊缝渗漏
	18	环境风险	地质土层变化频繁
	19		周围土体荷载过大
	20		地下埋设物情况不明确
	21		地上地下管线影响
	22		出洞时周围土体破坏
	23		地下水位变化
	24		地面沉降或隆起
	25		雨、雪等自然环境
	26		管内通风不佳
盾构法	1	技术风险	管片拼装精度不足
	2		盾体吊装发生碰撞
	3		掘进过程推进偏移
	4		纠偏不当
	5		注浆压力不当
	6		排土量速度控制不当
	7		进出洞过程中突水、漏水
	8		盾构后退
	9		出洞段轴线偏离设计
	10		开挖面断裂
	11	机械材料风险（盾构机）	管片质量缺陷
	12		密封件密封效果差
	13		轴承失效、断裂
	14		排渣螺旋机出土不畅
	15		浆液材料不符合标准
	16		吊装、安装过程中零部件损坏
	17		渣土特性不符合要求
	18		刀头磨损
	19	环境风险	周围管线影响
	20		障碍物清理不及时

工法	序号	风险种类	风险指标
盾构法	21	环境风险	地层加固不当
	22		地下水位控制不当
	23		地质预报不准
	24		盾构进出洞时姿态突变
	25		上部覆土坍塌

本章通过对安全事故的发生机理与风险因素的耦合作用情况进行分析，从宏观和微观两个层面分析风险事故的发生和发展，动态地分析风险组合在"意识—判断—反应"三个阶段的发展情况，从而确定控制风险的最佳时机与方式。以风险组合为研究对象，并通过对风险因素的具体分析，确定了地下综合管廊施工中"人为-管理-施工技术-机械材料-环境"5个维度的风险因素。最后通过专家认同率打分表对风险源进行了有效的识别，具体体现在以下两个方面：

（1）借鉴事故致因理论和4M1E理论研究，将风险分为"人为-管理-施工技术-机械材料-环境"5个维度，归纳总结了每个维度下的致险因子，并对风险事故的动态形成过程进行了分析。

（2）基于相关历史数据，通过发放调查问卷和专家访谈的方式对地下综合管廊施工中存在的安全风险进行识别。从"人为-管理-施工技术-机械材料-环境"5个维度出发，结合专家认同率形成了地下综合管廊施工安全风险指标表。

5 城市地下综合管廊施工安全风险评价

5.1 风险评价方法分析

5.1.1 风险评价方法概述

安全风险评价作为风险管理的一部分，是整个风险管理过程的核心内容，是对风险的发生进行测量和评价。安全风险评价主要包括风险发生概率以及风险损失分析两部分，其评价程序包括风险辨识和风险评价两个步骤。风险评价根据评价方法包含的主、客观因素可以分为定性分析、定量分析和综合分析三种[18]。根据不同的安全风险场景特征，应选择与之相对应的安全评价方法。

5.1.2 评价方法简介

《风险管理风险评估技术》（GB 27921—2011）针对施工安全风险评价体系、安全保障措施等列举了一些典型的风险评价方法，为定量评估、划分安全事故的风险等级提供了可靠的理论依据。目前常见的安全风险评价方法包括：安全检查表分析法、模糊综合评价法、BP 神经网络法、灰色理论评价法和可拓理论等评价方法[19]，各种方法的特点对比如表 5.1 所示。

表 5.1 评价方法对比一览表

	评价方法	适用范围	方法特点	应用条件	优缺点
定性分析	安全检查表分析法	各类系统的设计、验收、运行、管理、事故调查	需要有预先编制的标准，并按标准进行赋分，评定安全等级	有事先编制的检查表。有赋值、评级标准	简便、易于掌握，编制检查表难度大及工作量大
	MES 评价法	各类生产作业条件	按规定对系统事故发生的可能性、人员暴露情况、危险程度赋分，计算后评定危险性等级	赋分人员熟悉系统，对安全生产有丰富的知识和实践经验	简便、实用，受分析评价人员主观因素影响

	评价方法	适用范围	方法特点	应用条件	优缺点
定量分析	故障树分析法	各类局部工艺过程、生产设备、装置事故分析	由初始事件判断系统事故原因，通过系统的初始事件的概率计算系统事故概率	熟悉系统、元素之间的因果关系，有各事件发生概率数据	简便、易行。受分析评价人员主观因素影响
	风险矩阵法	主要适用于石油工业危险性及后果分析	按照危险事件发生的可能性与发生的后果严重性进行划分，形成风险评价矩阵	熟悉系统危险事件发生的概率与事件发生后果	简便、易行，风险评估指数受主观性影响较大
	层次分析法	企业生产系统中方案优选	把一个繁琐的系统表示为有序的层次结构，通过人们的认知和计算对方案排序	熟悉系统，有专家的评定分值数据	实用、系统、简洁，有很强的主观成分
综合分析	模糊综合分析法	企业生产单位等整体系统	利用模糊数学原理，对被评判对象的隶属度进行综合评价	熟悉系统，有专家的评定分值数据	结果准确，权重设置受主观因素影响，计算量大
	灰色理论分析	使用于多个领域，范围比较广泛	利用各子系统与目标间关联度来对评价对象进行分析	熟悉系统，有生产和管理方面的安全知识，且有关于系统的相关数据	计算简单，数据不必归一化，指标体系可根据情况增减
	人工神经网络	企业生产单位等整体系统	根据用户期望的结果不断对指标权值进行修改，直到误差满足要求	熟悉系统，有专家的评定分值数据	结果准确，计算推理工作量大且需要的数据量多
	物元可拓模型	使用于多个领域，范围比较广泛	最大限度地将不相容矛盾转化为相容关系，实现最佳决策目标	熟悉系统，有专家的评定分值数据	可以建立对象多指标性能参数的决策模型，但在权重的确定方面还有待提高

5.1.2.1　故障树分析法

A　简介

故障树分析方法（FIA）起源于美国，我国于 1978 年开始对该方法进行研究，实践表明，故障树分析方法是安全评价的重要分析方法之一[20]。故障树分析方法的最大特征是通过图形演绎来表现出系统内各基本事件的作用关系，不仅可以分析某些单元故障对系统的影响，还可以对导致系统事故的特殊原因进行逆推分析。

B　特点

（1）优点。

1）识别导致事故发生的关键事件以及这些事件之间的不同组合情况。根据识别出的关键事件，管理人员可采取相应措施对风险事件进行事前控制，从而降低整个系统中不安全事件的发生概率。

2）能够容易便捷地找出系统中存在的潜在风险因素，并以图形的形式简洁地展现出各种风险因素之间的因果、逻辑关系。

3）便于进行数学逻辑计算，为后续的定性定量分析提供依据。

（2）缺点。

1）对于复杂系统，编制事故树方法步骤较为繁琐，工作量大。

2）前期需要进行高质量的资料收集工作，相关指标的判定多依赖于主观判断，基本事件中人的失误量化处理较为困难。

5.1.2.2　灰色系统理论

A　简介

1982 年，华中科技大学控制科学与工程系邓聚龙教授根据系统中存在数据不完备的缺点，提出灰色系统理论。它把控制论的观点和方法延伸到复杂的系统中，将自动控制与运筹学相结合，解决了物质世界中许多具有灰色性（模糊）的问题。控制论中，用不同的颜色表示信息的透明度，例如，我们对某个系统的情况一无所知，称之为黑箱（black box）。"黑"表示信息完全缺乏，"白"表示信息完全公开，"灰"表示信息不充分、不完全，我们称这样的系统为灰色系统。灰色系统又包含许多子系统，为了明确子系统之间的相互影响关系，引入灰色关联度分析这一概念。灰色关联度分析是以折线图来表示相关因素的量的变化，因而其适用于动态过程的分析[20]。

灰色关联度分析需要将系统内各影响因素在各阶段的变化值以折线图的形式表现出来，并对比总目标曲线，对两者的接近程度进行量化，计算求得的接近程度即相应的关联度，通过关联度的比较来判断每个因素对总目标的影响大小。

B　特点

（1）黑、白、灰是相对于一定认识层次而言的，因而具有相对性。

（2）灰色关联度分析对样本的数量以及分布并没有硬性规定，而且在数据较少的情况下，对数据分析结果并不会造成太大的影响，所以灰色关联度分析相对简单可靠。

（3）灰色关联度分析主要通过建立灰色关联度模型进行详细分析，但现阶段相关灰色关联度的模型不够完善，灰色关联分析的发展存在一定的阻碍。

5.1.2.3　人工神经网络

A　简介

人工神经网络（BP）是模仿动物神经运行特征而设计出来的一种算法模型，该模型可以进行数学信息处理。网络自身的算法是对某种算法或者函数的无限逼近，人工神经网络通过对内部的节点关系进行不断调整以及系统的自主学习，从而得出想要的结果。

B　特点

人工神经网络的特点主要包括以下三点：

（1）自主学习功能。自主学习可对系统问题进行预测。针对复杂性、动态性、非线性系统的运行机理，人工神经网络通过对历史数据的自主学习，可以预测系统在未来某段时期的发展规律。

（2）联想存储功能。人工神经网络进行反馈处理时，可以进行联想存储。

（3）快速找到最优解。人工神经网络内部算法复杂，数据运算量较大，但借助计算机强大的运算能力，可以快速找到最优解。

5.1.2.4　物元可拓基本理论

A　简介

可拓学以研究事物拓展性为主要目标，是一门研究通过形式化手段解决矛盾问题的原创学说，是思维科学、系统科学和数学的交叉边缘学科。其理论基础是可拓论，核心是基元理论、可拓集合理论和可拓逻辑；其目标是如何通过变换，得到解决不相容问题和对立问题的最优方案策略。可拓学的一般应用流程如下：

（1）采用形式化的方式描述复杂的矛盾问题，即物元、事元、关系元；

（2）通过条件、目的、关系这3条路径和置换、增删、扩缩、分解、复制这5种基本变换，以及与、或、积、逆4种基本运算相互作用获得创新方案；

（3）通过可拓优度评价，选取最佳方案。

B　特点

（1）可拓理论研究实现了从量变描述到量变和质变综合描述的拓展，使传统的数学模型从只研究事物的量拓展到可拓模型的综合研究事物的质与量；

（2）可拓理论研究对象从简单的不确定问题拓展到复杂的矛盾问题；

（3）可拓理论既可以确定待评价事物所处状态等级，也可以动态地反映被评价主体从量变到质变的发生过程。

5.1.3　可拓理论的优势分析

可拓学是由我国学者蔡文提出的一门原创性学科，它是通过建立物元，分析影响事物中的矛盾不相容因素，将复杂问题构建为形象化模型的理论学科[21]，作为一门新型交叉学科，已广泛应用于人工智能、经济管理、风险管理等领域。可拓学研究主要围绕着分析对象的扩展层面，梳理其内在的规律和应用的方法。在解决系统问题时，有些因素无法采用定量的方法以明确其对系统的影响程度，便可以对其先进行定性的分析描述，之后运用数学方法进行定量处理。对于系统工程而言，系统内外部包含了诸多复杂和互相矛盾的问题，选择科学适用的理论来探讨系统问题就显得非常有必要。可拓综合了定性分析和定量分析，有效梳理了事、物和事物之间的逻辑关系，解决了系统产生的复杂问题和矛盾问题。可拓学的评价方法是一种优度评价法，其原理是利用物元特征之间的关联函数，建立多指标参数的物元评价模型，达到评价问题的目的。

可拓理论科学意义和实用价值如下：

（1）将研究内容转化为研究矛盾问题，从对数量关系与空间形式的研究逐渐发展到对物、事及其内在联系的研究，建立了物元、事元和关系元等逻辑元素，研究这些基本元的可拓性、变换和运算规律，从而生成处理矛盾问题的形式化工具。

（2）克服了经典集合和模糊集合的局限性。从只能单一描述确定性的事物和模糊性的事物，发展到能够描述处于不断变化的事物，从集合的角度研究事物的动态分类和事物开拓的过程，以建立新的集合理论。

（3）把"距离"的概念扩展为"距"的概念，建立了定量化的计算方法。在关联函数的计算中，"距"这一概念的产生，突破了经典数学中区间内的点与区间的距离均为 0 的规定，提出取值为负数的"距"的概念，使关联函数能更好地表达同类事物性质的区别，更好地展示量变和质变的过程。

（4）研究了异于数理逻辑的可拓逻辑。由于数学剔除了事物的内涵，不少问题被某些学者化为无解的矛盾方程、矛盾不等式或其他数学模型。

然而，在实际生活中，这些问题是有解的。因此，我们不仅要研究没有矛盾的数理逻辑，而且需要研究带有一定矛盾前提的逻辑问题。

经典集合着眼于研究事物的精确性，模糊集合重点探讨事物的模糊性，可拓集合针对事物的可变性进行研究，这三者的根本区别在于：

（1）可拓理论描述了元素从不具有性质 P 转化到具有性质 P，这体现质的改变。

（2）零界元素描述了质变的临界点，零界元素既有性质 P，又不具有性质 P，不跨越零界的变化是量变，跨越零界产生质变。因此，可拓集合既可描述量变，也可描述质变。

（3）当可拓集合的元素是物元时，就称为物元可拓集。它把质与量结合在一起进行研究，定量地描述事物的变化和事物具有性质 P 的程度变化二者之间的关系。

可拓评估法是基于可拓学理论发展而来的一种综合评价方法。一方面，可拓评估法考虑了风险评价指标具有多样性、关联性的特征；另一方面，弥补了传统单一定性或定量评估方法的缺点，使评价结果更加科学，具有说服力。

矛盾问题的解决，需要明晰相关事物的本质，忽视事物的本质内涵，追求简单的数理逻辑关系无法解决矛盾的根本问题。因此，通过借助数学符号建立标准形式化的语言，并考虑事物本质内涵的逻辑关系，进而明确复杂矛盾问题的推理过程，这就是可拓逻辑的产生过程。物元可拓理论通过逻辑关系梳理可以构建数学模型以解决多因素、多层次、多目标的评价问题。由于物元要素的多样性以及发散性，符合施工方案中各种因素复杂性的特点，因此，在实际工程中具有一定的可行性。

通过前文分析可知，管廊施工安全风险因素的评估首先需从"人为-机械材料-管理-环境-施工技术"5 个维度展开定性分析，其次需要结合数据进行定量分析，并对各种风险评估方法进行对比分析和筛选，以建立科学合理的施工风险评估模型。可拓理论评价法可以解决多因素、多层次的复杂系统问题，其通过建立多级可拓模型，构造可拓判断矩阵求解各个层级的指标权重，对安全评估结果进行等级划分。因此，采用物元可拓，可以对管廊施工项目安全风险进行整体系统的评估。

5.2　城市地下综合管廊施工风险物元模型的建立

5.2.1　物元可拓基本理论

可拓学是一种针对矛盾问题分别从定性和定量两个方面进行探究并研究解决矛盾问题的方法。其主要通过建立形式化模型的探究模式实现对事物发展规律的研究，并实现创新。因为可拓学可将矛盾问题的处理方式数学化表达，逐渐形成了一门独创性的学科，并经过不断的发展与研究，可拓学理论被越来越广泛地应用于工程、管理、信息等各个学科领域中。其中在工程领域中，可拓学理论可以用于故障诊断研究、施工质量评价、工程风险评价等方面。可拓学主要包含三大部分：物元理论、可拓逻辑理论及可拓集合理论。物元可拓理论也在不断的探究和研究中日趋完善，并逐渐应用于工程实践中。

5.2.1.1　物元

事物、特征、量值这三个要素是解决问题首先需要考虑的三个要素。在物元理论中，描述这三个要素的有序三元组被称为事物的基本元，即物元。

物元的概念正确地将物的质与量进行表达，并从事物不同组合分解的角度研究事物拓展的可能性，成为解决矛盾问题的依据。物元的可拓性表现在其具有发散性、可扩性、相关性、共轭性和蕴含性。

（1）物元的发散性。发散性指的是一点到多点的开拓模式，一种事物可能同时具有多种特征，同一个特征又会被不同的事物所拥有，这被称为物元的发散性。从一物元出发，通过不同路径，会发散形成对应的物元集。

（2）物元的可扩性。可扩性是指基于一物元的内涵及要素拓展出新的物元的内涵及要素的性质。用来描述一物元和其他物元结合与剥离的可能性，主要包括物元的可加性及可分性等。

（3）物元的相关性。若一物元与其他不同物元关于某一特征的量值中，同一物元或同族物元关于某一特征的量值中存在一定的关联关系，则为相关。物元的相关性体现于一物元关于某一特征量值的变化会造成与其相关的物元的变化，一物元或同族物元关于某一特征的量值的变化会影响其他特征量值的变化，并将影响扩散到一物元的相关网之中。

（4）物元的共轭性。事物具有物质性、系统性、动态性和对立性，从这四个角度出发，相应提出了虚实、软硬、潜显和负正四对对立的概念来描述事物的构成，这称为事物的共轭性。

（5）物元的蕴含性。若有 X 存在，必有 Y 存在，则称 X 蕴含 Y，即 X 与 Y 之间存在着蕴含关系。根据物元的蕴含性，实现对事物及关系的探究。其主要包含以下三种形式：上下位蕴含性、因果蕴含性和部分蕴含性。蕴含关系可存在于事物、特征的量值、物元等之间。

在进行实际问题探究时，要根据事物和关系的可拓性改变问题发生条件与最终结果，最终使得目标得以实现。可拓分析方法就是利用物元的可拓性实现对事物发展关系的探究并达到目标的方法。

给定事物 M，M 的特征 C 的量值为 V，用有序的三元组 M、C、V 作为描述事物的基本元，简称为物元。M、C 和 V 称为物元的三个要素。如果物元用 R 表示，则有：

$$R = (M, C, V) \tag{5-1}$$

若事物 M 具有 n 个特征 C_1，C_2，…，C_n，那么，就有相对应的 n 个量值 V_1，V_2，…，V_n，表达式如式（5-2）所示，令 n 维物元为 R，简记为 $R=(M, C, V)$。

$$R = (M_i, C_i, V_i) = \begin{bmatrix} & C_1 & V_1 \\ & C_2 & V_2 \\ M_i & \vdots & \vdots \\ & C_n & V_n \end{bmatrix} \tag{5-2}$$

物元理论将事物、特征及与特征相对应的量值放在一起进行考虑，这样的好处是在处理问题的同时考虑到了事情的量、质两个方面，物元的变换可以体现出事物的变化。探究物元的可拓性能、物元变换及其变换后的性质是物元理论的核心，它在描述事物的可变性时采用的是形式化的语言去进行的，从而对事物进行推理、运算。

5.2.1.2 可拓集合的相关理论

可拓集合是在经典集合和模糊集合的基础上提出的。经典集合分别用0和1来表示事物具有的某种性质或者不具有某种性质；用模糊集合表示事物的性质是通过建立隶属函数的方式来实现的。可拓集合是采用任意实数表示事物具备某些性质的程度。

可拓集合的概念基于模糊集合与经典集合提出，采用逻辑化、形式化、数学化的方法探究事物拓展规律，解决矛盾问题，将"矛盾"转化成"相容"，具有很高的研究价值。因其概念具有普适性，故其可广泛应用于各个研究领域中。目前，国内外学者广泛地将其应用于人工智能、减控、检验、系统、信息等研究领域。随着研究的深入与问题的不断复杂化，其应用领域将进一步扩大，各领域学者充分发挥可拓集合的作用，使得可拓集合理论研究与实际应用研究步入新的篇章。下面是可拓集合的具体内容。

A 可拓集合含义

设 U 为论域，如果对于 U 中的任何元素 u，都有 $u \in U$，并且都会有相应的实数 $K(u) \in (-\infty, +\infty)$ 与之对应，那么就称：

$$\tilde{A} = \{(u, y) u \in U, y = K(u) \in (-\infty, +\infty)\} \tag{5-3}$$

上式中 $\tilde{A}$ 为论域 U 包含的其中一个可拓集合，关于 $\tilde{A}$ 的关联函数是 $y = K(u)$，$K(u)$ 是 u 对 $\tilde{A}$ 的关联程度，其中 $\tilde{A} = \{u | u \in U, K(u) \geq 0\}$ 为 $\tilde{A}$ 的正域，$\tilde{A} = \{u | u \in U, K(u) \leq 0\}$ 为 $\tilde{A}$ 的负域，$J_0 = \{u | u \in U, K(u) = 0\}$ 为 $\tilde{A}$ 的零界。

显然，如果 $u \in J_0$，则有 $u \in A$。物元模型是解决事物矛盾问题的基础，所以研究时要用物元的可拓集合表示所研究的元素。

B 物元可拓集合概念

如果假设物元集为：

$$W = \{R | R = (N, c, v), N \in U, v \in V\} \tag{5-4}$$

那么在物元集上建立可拓集合：

$$\tilde{A} = \{(u, v) | v \in V, y = K(v) \in (-\infty, +\infty)\} \tag{5-5}$$

则对于每一个 $R \in W$，都会有一个实数 $K(R) = K(V) \in (-\infty, +\infty)$ 与之相对应，物元集 W 上的一个物元可拓集合可表示为：

$$\tilde{A} = \{R | R \in W, y = K(R) = K(v) \in (-\infty, +\infty)\} \tag{5-6}$$

$\bar{A}(R)$ 的正域为：

$$\bar{A}(R) = \{R \mid R \in W,\ K(R) \geqslant 0\}$$

$\bar{A}(R)$ 的负域为：

$$\bar{A}(R) = \{R \mid R \in W,\ K(R) \leqslant 0\}$$

$\bar{A}(R)$ 的零界为：

$$J(R) = \{R \mid R \in W,\ K(R) = 0\}$$

5.2.1.3　关联函数

关联函数是描述事物的一种量化工具，在可拓学中关联函数是用来表示事物的可拓性能的。关联函数将可拓集合采用代数式表示，定量化地表达矛盾问题，关联函数的值域分布于整个实数域。关联函数中的关联度是描述事物的各个指标与各评定等级相关程度的量。在实际的应用中，关联函数的形式是随着问题的变化而发生变化的，下面介绍几种关联函数。

（1）距。设 x 为实数域 $(-\infty,\ +\infty)$ 上的任意一点，$X_0 = (a,\ b)$ 为实数域上的任意一个区间，称作点 x 与区间 X_0 的距。

（2）位值。一般地，设 $X_0 = (a,\ b)$，$X = (c,\ d)$，且 $X_0 \in X$，则点 x 关于区间 X_0 和 X 组成的区间套的位值规定为：

$$\rho\left(x,\ X_0 = \left|x - \frac{a+b}{2}\right| - \frac{1}{2}(b-a)\right) \tag{5-7}$$

（3）关联函数。$D(x,\ X_0,\ X)$ 描述了点 x 与 X_0 和 X 组成地区间套的位置关系，则可定义关联函数为：

$$K(x) = \frac{\rho(x,\ X_0)}{D(x,\ X_0,\ x)} \tag{5-8}$$

式中，$\rho(x,\ X_0)$ 为点 x 与区间 $X_0 = (a,\ b)$ 的距；$D(x,\ X_0,\ x)$ 描述了 x 关于区间 X_0 和 X 组成地区间套的位置关系；当 X_0 和 x 在相同的区间取值时，$K(x)$ 的取值范围在 $(0,\ 1)$ 区间，这时的关联度就代表着 x 与标准取值区间 X_0 之间的关联度。

5.2.2　物元可拓评价过程

5.2.2.1　确定经典域、节域和待评价物元矩阵

根据分析搜集的数据资料，选择评价指标，并确定其相应的变化范围，确定待评价事物的经典域和节域，同时确定待评价事物的物元矩阵。

设定事物为 M，M 的特征向量为 C，关于特征向量的量值为 V。假设事物 M 有 n 个特征，记作 C_1，C_2，…，C_n，V_1，V_2，…，V_n，那么该事物的物元就记作：

$$R = \begin{bmatrix} & C_1 & V_1 \\ M & C_2 & V_2 \\ & \vdots & \vdots \\ & C_n & V_n \end{bmatrix} = \begin{bmatrix} R_1 \\ R_2 \\ \vdots \\ R_n \end{bmatrix}$$

（1）确定经典域。

$$R = (N_j, C_i, X_{ij}) = \begin{bmatrix} & C_1 & X_{j1} \\ N_j & C_2 & X_{j2} \\ & \vdots & \vdots \\ & C_n & X_{jn} \end{bmatrix} = \begin{bmatrix} & C_1 & \langle a_{j1}, b_{j1} \rangle \\ N_j & C_2 & \langle a_{j2}, b_{j2} \rangle \\ & \vdots & \vdots \\ & C_n & \langle a_{jn}, b_{jn} \rangle \end{bmatrix} \quad (5-9)$$

式中，N_j 表示所划分的 j 个等级效果（$j=1, 2, \cdots, m$）；C_i 表示效果等级 N_j 的特征（$i=1, 2, \cdots, n$）；X_{ij} 表示 N_j 对于 C_i 所规定的量值范围，也称为经典域。

（2）节域的确定。

$$R_P = (P, C_i, X_{pi}) = \begin{bmatrix} & C_1 & X_{p1} \\ P & C_2 & X_{p2} \\ & \vdots & \vdots \\ & C_n & X_{pj} \end{bmatrix} = \begin{bmatrix} & C_1 & \langle a_{p1}, b_{p1} \rangle \\ P & C_2 & \langle a_{p2}, b_{p2} \rangle \\ & \vdots & \vdots \\ & C_n & \langle a_{pn}, b_{pn} \rangle \end{bmatrix} \quad (5-10)$$

式中，P 表示效果等级的全体；X_{pi} 为 P 关于 C_i 所规定的量值范围。

（3）确定待评价物元矩阵。对于待评价的对象，把收集的相关数据以及分析的结果用物元 R_0 表示，称为待评物元。

$$R = (T_0, C_i, X_i) = \begin{bmatrix} & C_1 & X_1 \\ T_0 & C_2 & X_2 \\ & \vdots & \vdots \\ & C_n & X_n \end{bmatrix} \quad (5-11)$$

式中，T_0 表示标的物；X_i 为 T_0 关于 C_i 的量值，也就是待评价标的物所得到的数值。

5.2.2.2 确定评价的指标权重

指标在整个评价指标体系中所占的比例称为该指标的权重，依据各指标在整体中占的权重比例来确定它们不同的权重关系就是各指标的权重系数。作为反映各项评价指标重要性程度的量化系数和各评价指标优先度与重要度的量值，权重系数合理与否会直接影响到评价的结果。权重的改变会使得评价指标的比例发生改变，所以合理分配权重对于评价来说是很重要的部分。

确定指标权重的方法也分为定性和定量两种。定性的评价方法一般有专家评价法、德尔菲法等。定量的方法有层次分析法、因子分析法等。每一种方法都有自己的特点以及适合的情况，但是一般来说，定性的方法含有的主观因素较多，从而使指标之间的权重关系有所偏颇。

熵权法最早是基于一热力学概念提出的，熵是用来度量系统能量无序程度的一个状态量，是系统无序程度的度量。熵的概念最早由德国著名的物理学家克劳修斯（R. Clausius）在 19 世纪 50 年代提出，最初被应用于物理学理论研究中，用来描述热力学第二定律，因此又被称为"热力学熵"。经过熵理论的不断丰富，1948 年，美国数学家申农（C. E. Shannon）将其引入到信息论中，信息是系统有序程度的一个度量，而熵正好与信息相反，熵值越小，系统有序程度越大，但是信息无法测量[22]，因此将其与数理统计理论进行结合，然后提出了著名的信息熵理论。信息熵理论的内容包含信息论和熵两部分，二者是基于其共同点进行结合的：通常用信息量来衡量一个系统的有序程度，熵也用来表示相同能量的无序程度。信息熵的值越高，代表系统的无序程度越高，相反，信息熵的值越低，表示系统的无序程度越低。熵权法是利用评价指标的具体数值所构建的判断矩阵来确定指标权重，这样可尽量降低人为因素对计算各指标权重带来的干扰。信息熵现已在工程技术、社会经济等领域得到十分广泛的应用。申农（C. E. Shannon）对信息熵的定义有别于热力学熵的概念，虽仍留存热力学熵的基本性质，如单值性、可加性和极值性等，但已具有更广泛和更普遍的意义，定义其为广义熵。目前，信息熵的概念及理论已经愈来愈广泛地应用于如工程技术、社会经济等非热力学领域。

熵权法的赋值方法是一种客观的赋值方法。在进行实际应用时，熵权法通过确定各个指标变异性的大小，利用信息熵计算各个指标的权重，再通过熵权，对指标的权重进行处理和修正，以得到比较客观的指标权重。作为一个评价指标相对重要程度的有效方法，熵权法在实际中得到了广泛的应用。最开始运用于经济学、医学、信息论和控制论等领域，随着该理论的不断发展和完善，目前也开始在管理学方面、可靠性分析、围护的稳定分析以及土木工程项目管理等领域发挥其优势。

熵权法广泛地应用于评价研究中，可通过各个指标的权重分析，删除指标体系中对于评价结果贡献较小的指标。其优点在于：（1）客观性：其在进行评价时，几乎不受主观因素的影响，使得结果更具客观性，能够得到较为理想的结果；（2）适应性：既可用于权重计算，也可结合其他方法完成评价研究。但熵权法仍存在一些不足，具体表现在使用范围有限以及解决问题有限等方面。

地下综合管廊可有效解决城市地下空间管线密集、城区交通拥堵、市政管线使用寿命短等问题，已越来越多地受到政府的重视。地下综合管廊开挖大多采用明挖法施工，遂长期处于复杂动态的施工环境中，因受到地下水、地质条件、周边建筑和道路荷载等影响,施工风险往往较多,并且由于工程责任方不明确,使得施工安全保证能力不足,常会造成市政管线挖断受损、基坑坍塌等事故出现。若城市地下综合管廊施工安全事故频发,会加重工程施工成本、施工进度拖延以及极差的社会影响。加之管廊安全施工牵扯设计方、施工方、建设方等众多利益相关方,同时受到多种风险因素的耦合影响,使得施工安全事故的发生更具不确定性且后果更具影响性。因此,在进行城市地下综合管廊施工安全风险研究中,应用熵权法确定指标权重并进行评价,对预测复杂条件下的风险事故类型及其作用强度,以及制定有针对性的风险防控措施具有重要意义。在项目评价中,经常考虑每个评价指标的相对重要程度,因此需要给每个指标赋予权重,一个系统中有序程度越高,则熵就越小,所含的信息量就越大;反之,无序程度越高,则熵就越大,信息量就越小。

由于各个风险因素之间的耦合作用,使得管廊施工安全风险具有不确定性,而熵正是对这种不确定性的一种度量,充分利用单指标未确知测度矩阵的数值,排除主观因素对评估结果的影响,采用信息熵计算指标权重还可以规避人为赋值的主观性,克服传统方法确定权重的主观性、局限性问题,使评估结果更加客观科学。因此本书采用信息熵确定各级指标的权重。相比一般方法,采用信息熵度量的风险指标权重更为准确。所以,本书对城市地下综合管廊施工风险进行评估时采用熵权法来确定权重。

5.2.2.3 计算关联度

A 确定待评事物关于不同等级关联度函数

第 i 个指标数值域属于第 j 个等级的关联度函数为:

其中:

$$K_j(X_i) = \begin{cases} -\dfrac{\rho(X_i, X_{ji})}{|X_{ji}|}, & X_i \notin X_{ji} \\[2mm] \dfrac{\rho(X_i, X_{ji})}{[\rho(X_i, X_{pi}) - \rho(X_i, X_{ji})]}, & X_i \in X_{ji} \end{cases} \tag{5-12}$$

$$\rho(X_i, X_{pi}) = \left| X_i - \frac{a_{pi} + b_{pi}}{2} \right| - \frac{1}{2}(b_{pi} - a_{pi}) \tag{5-13}$$

$$\rho(X_i, X_{ji}) = \left| X_i - \frac{a_{ji} + b_{ji}}{2} \right| - \frac{1}{2}(b_{ji} - a_{ji}) \tag{5-14}$$

式中,ρ 表示距离函数,代表特征值与有限区间之间的距离;X_i 为指标的量值;a_{ji}、b_{ji} 分别表示准则层各个指标对应的各等级的经典域;a_{pi}、b_{pi} 分别为对准则层各指标的节域进行的描述;X_{ji} 为节域区间;X_{pi} 为经典域区间;$\rho(X_i, X_{pi})$ 表示指标量值与节域的距;$\rho(X_i, X_{ji})$ 表示指标量值与经典域的距。待测事物各指标相对于各评价等级的归属程度用关联度表示，就相当于模糊数学中的隶属度的概念。

B　关联度的计算

关联度是用来描述待评价事物的各种因素指标相应的各评价等级归属程度的，这和模糊评价模型中隶属函数的隶属度是相似的。关联度的度量可以表示待评价对象关于级别的归属程度，但是相比起隶属度，关联度包含了更多的内容和分异信息。关联度的计算公式为：

$$K_j(P_0) = \sum_{i=1}^{n} W_{ij}K_j(X_i) \tag{5-15}$$

称为待评标的物关于等级 j 的关联度，其中 W_{ij} 为其关联函数对应的权重。

5.2.2.4　确定风险评价等级

如果有：

$$K_j = \max K_j(P_0) \quad (j = 1, 2, \cdots, m) \tag{5-16}$$

则评价对象的评价等级即为 K_j。

5.3　城市地下综合管廊施工风险可拓分析

5.3.1　综合管廊施工安全风险等级划分

管廊施工风险控制措施的制定取决于是否可以接受发生的风险以及可以接受的程度，所以，在对管廊施工项目管理风险进行评估之前，需要制定明确的风险发生概率等级以及风险的接受准则。

5.3.1.1　确定风险发生的概率等级

在本书中，根据施工项目的实际情况，将风险因素的发生概率分为 5 个等级，如表 5.2 所示。

表 5.2　风险因素发生概率等级

等级	描述	概率	估值
A	极少	<0.0003	0.1
B	很少	[0.0003, 0.003)	0.3
C	偶尔	[0.003, 0.03)	0.5
D	可能	[0.03, 0.3)	0.7
E	频繁	≥0.3	0.9

5.3.1.2　风险接受准则

如表 5.3 所示，每一个风险值的区间都与一级具体的安全风险等级相对应。安全风险等级是根据安全风险事件发生的概率及严重程度共同作用进行划分的，所以，以安全风险区间来综合体现安全风险事故发生的后果。在确定项目所处的安全风险等级之后，安全风险管理者可以根据企业以及项目可以承受的最大的风险程度，确定风险接受标准，同时根据风险接受标准确定安全风险控制方案和措施，从而实现对项目安全风险的有效控制。

表 5.3　安全风险分级

等级	风险值	接受程度	安全风险描述
Ⅰ	0~0.25	可以接受	出现风险的情况极低，项目的安全状况很好，不需处理
Ⅱ	0.25~0.5	能接受	出现风险的概率偏低，安全状况较好，但仍需要注意，重伤可能性很小，需常规管理审视
Ⅲ	0.5~0.75	处理后可接受	风险处于中等水平，安全状况一般，一般伤害事故发生可能性较大，需采取相应的措施进行整改
Ⅳ	0.75~1	拒绝接受	具有较大的潜在性危险，发生风险的可能性较大，风险发生后带来的后果难以处理，必须进行调整并持续关注

5.3.2　基于熵权法的权重计算

在确定各安全风险指标在施工管理过程中的影响大小时，本书结合专家打分法和熵权法进行确定。首先邀请相关具有经验的专家学者以及施工管理经验丰富的项目经理一共 10 人对各个指标发生安全风险的可能性进行打分，分数为 10 分制，然后采用熵权法对各个指标的影响大小进行权重的计算。下面以西安市某明挖法地下管廊为例，根据熵权法确定权重的原则，采用 Matlab 编程进行计算，得出各指标权重，具体见表 5.4。这里所列出的指标体系仅作为参考依据，具体需要根据工程实际进行调整。

表 5.4　风险影响因素打分统计

一级风险指标	二级风险指标	专家打分										权重	一级权重
		1	2	3	4	5	6	7	8	9	10		
人为风险 C_1	未穿戴安全防护用品 C_{11}	9	9	8	9	8	7	7	7	8	8	0.0081	0.162
	岗位操作技能不足 C_{12}	7	6	7	9	8	6	7	8	5	6	0.0247	
	特种作业无证操作 C_{13}	8	7	7	6	7	7	6	7	6	7	0.0067	
	连续工作时间过长 C_{14}	8	9	8	7	8	7	8	7	8	9	0.0059	
	交接工作不完善 C_{15}	6	8	6	5	5	4	6	6	5	5	0.0261	
	临时处置风险能力不足 C_{16}	8	8	7	6	7	6	8	5	7	7	0.0232	
	人员素质水平不高 C_{17}	4	3	2	4	4	2	4	3	2	4	0.0673	

一级风险指标	二级风险指标	专家打分										权重	一级权重
		1	2	3	4	5	6	7	8	9	10		
管理风险 C_2	安全警示及紧急疏散标识缺失 C_{21}	5	6	5	4	3	2	7	5	4	5	0.0795	0.401
	安全通道不畅通 C_{22}	8	6	5	4	3	2	7	5	4	5	0.1067	
	应急、医疗设备配备不合格 C_{23}	7	6	4	5	6	4	6	4	3	7	0.0575	
	缺乏安全教育培训 C_{24}	7	8	4	6	7	5	8	6	4	6	0.0449	
	专业安全人员配备不达标 C_{25}	7	7	6	6	7	6	6	4	4	7	0.0306	
	施工现场管理混乱 C_{26}	8	9	6	7	6	5	8	6	7	5	0.0305	
	安全激励不足 C_{27}	8	7	4	5	4	5	7	5	4	5	0.0513	
机械材料风险 C_3	机械设备选择不合理 C_{31}	7	6	7	6	5	8	6	6	7	7	0.0133	0.141
	机械设备未及时检修 C_{32}	6	7	6	7	8	7	8	5	7	6	0.0128	
	机械设备操作不规范 C_{33}	7	8	7	6	6	7	6	6	8	6	0.0103	
	缺少安全防护装置 C_{34}	8	7	6	8	8	8	5	5	7	6	0.0168	
	机械交叉作业 C_{35}	8	6	5	6	6	6	4	5	6	0.0243	
	混凝土强度不达标 C_{36}	10	8	10	8	9	8	9	8	8	8	0.0068	
	钢筋笼变形或破坏 C_{37}	9	9	9	8	10	9	9	9	8	8	0.0040	
	材料堆放混乱 C_{38}	8	5	4	4	6	7	5	5	4	4	0.0527	
施工技术风险 C_4	基坑支护不当 C_{41}	8	9	8	9	10	8	9	9	9		0.0040	0.0677
	纵坡失稳 C_{42}	8	9	8	9	8	8	8	8	9	7	0.0052	
	管涌流沙突涌 C_{43}	8	8	7	6	8	9	8	8	8	8	0.0082	
	特殊地质地基处理不当 C_{44}	8	9	8	9	9	8	8	7	8		0.0046	
	排水降水不到位 C_{45}	8	9	10	9	9	7	9	9	7	8	0.0103	
	模板支撑体系失稳 C_{46}	8	9	10	10	9	9	7	8	9	9	0.0086	
	边坡荷载超载 C_{47}	8	8	9	9	10	9	8	9	9		0.0046	
	坑底隆起 C_{48}	8	6	7	8	8	8	6	6	7	7	0.0155	
	沉降位移监测失误 C_{49}	8	8	9	7	8	9	7	7	7	7	0.0067	
环境因素 C_5	自然环境 C_{51}	5	5	3	4	4	3	5	3	5	4	0.0360	0.2283
	道路交通条件复杂 C_{52}	6	5	3	3	4	4	5	3	5	5	0.0477	
	地表水与地下水影响 C_{53}	8	7	5	6	5	7	6	6	5	5	0.0232	
	湿陷性黄土等不良地质 C_{54}	7	8	7	6	8	6	8	6	6	6	0.0128	
	工作空间受限 C_{55}	6	5	5	4	6	5	3	4	4	3	0.0452	
	地下管线 C_{56}	6	8	5	5	5	6	6	6	5	3	0.0296	
	相邻建筑物影响 C_{57}	7	8	6	5	7	7	6	5	4	5	0.0338	

5.3.3 管廊施工的物元可拓模型

5.3.3.1 确定经典域与节域

本书把风险划分为 4 个等级，其中各个等级的评价标准为：Ⅰ 级为 [0，0.25)；Ⅱ 级为 [0.25，0.5)；Ⅲ 级为 [0.5，0.75)；Ⅳ 级为 [0.75，1.0)。从而可分别确定出节域与 4 个经典域。

$$R_1 = (\text{Ⅰ}, C_{i,} X_{1i}) = \begin{bmatrix} \text{Ⅰ} & \begin{array}{ll} \text{未穿戴安全防护用品} & 0, 0.25 \\ \text{岗位操作技能不足} & 0, 0.25 \\ \vdots & \vdots \\ \text{相邻建筑物影响} & 0, 0.25 \end{array} \end{bmatrix}$$

$$R_2 = (\text{Ⅱ}, C_{i,} X_{2i}) = \begin{bmatrix} \text{Ⅱ} & \begin{array}{ll} \text{未穿戴安全防护用品} & 0.25, 0.5 \\ \text{岗位操作技能不足} & 0.25, 0.5 \\ \vdots & \vdots \\ \text{相邻建筑物影响} & 0.25, 0.5 \end{array} \end{bmatrix}$$

$$R_3 = (\text{Ⅲ}, C_i, X_{3i}) = \begin{bmatrix} \text{Ⅲ} & \begin{array}{ll} \text{未穿戴安全防护用品} & 0.5, 0.75 \\ \text{岗位操作技能不足} & 0.5, 0.75 \\ \vdots & \vdots \\ \text{相邻建筑物影响} & 0.5, 0.75 \end{array} \end{bmatrix}$$

$$R_4 = (\text{Ⅳ}, C_i, X_{4i}) = \begin{bmatrix} \text{Ⅳ} & \begin{array}{ll} \text{未穿戴安全防护用品} & 0.75, 1.0 \\ \text{岗位操作技能不足} & 0.75, 1.0 \\ \vdots & \vdots \\ \text{相邻建筑物影响} & 0.75, 1.0 \end{array} \end{bmatrix}$$

5.3.3.2 关联度计算

计算出评价指标的权重后，根据城市地下综合管廊施工过程中的管理，对评价指标进行归一化处理，利用公式可计算出各个风险因素关于各等级的指标关联度及所属的风险等级，详细结果见表 5.5。

表 5.5 风险关联度

一级风险指标	二级风险指标	评价指标关联度 K_j				所属等级
		$K_1(X_j)$	$K_2(X_j)$	$K_3(X_j)$	$K_4(X_j)$	
人为风险 C_1	未穿戴安全防护用品 C_{11}	-0.73	-0.6	-0.2	0.2	IV
	岗位操作技能不足 C_{12}	-0.6	-0.4	0.2	-0.14	III
	特种作业无证操作 C_{13}	-0.59	-0.36	0.28	-0.28	III
	连续工作时间过长 C_{14}	-0.69	-0.54	-0.08	0.10	IV
	交接工作不完善 C_{15}	-0.43	-0.14	0.72	-0.13	III
	临时处置风险能力不足 C_{16}	-0.59	-0.38	0.24	-0.16	III
	人员素质水平不高 C_{17}	-0.18	0.72	-0.36	-0.57	II
管理风险 C_2	安全警示及紧急疏散标识缺失 C_{21}	-0.31	0.16	-0.08	-0.39	II
	安全通道不畅通 C_{22}	-0.33	0.04	-0.02	-0.35	II
	应急、医疗设备配备不合格 C_{23}	-0.36	-0.04	0.08	-0.32	III
	缺乏安全教育培训 C_{24}	-0.48	-0.22	0.44	-0.26	III
	专业安全人员配备不达标 C_{25}	-0.47	-0.2	0.4	-0.27	III
	施工现场管理混乱 C_{26}	-0.56	-0.34	0.32	-0.20	III
	安全激励不足 C_{27}	-0.4	-0.1	0.2	-0.31	III
机械材料风险 C_3	机械设备选择不合理 C_{31}	-0.53	-0.3	0.4	-0.22	III
	机械设备未及时检修 C_{32}	-0.55	-0.32	0.36	-0.21	III
	机械设备操作不规范 C_{33}	-0.57	-0.36	0.28	-0.18	III
	缺少安全防护装置 C_{34}	-0.63	-0.44	0.12	-0.10	III
	机械交叉作业 C_{35}	-0.44	-0.16	0.32	-0.29	III
	混凝土强度不达标 C_{36}	-0.83	-0.74	-0.48	0.48	IV
	钢筋笼变形或破坏 C_{37}	-0.84	-0.76	-0.52	0.52	IV
	材料堆放混乱 C_{38}	-0.36	-0.04	0.08	-0.32	III
施工技术风险 C_4	基坑支护不当 C_{41}	-0.84	-0.76	-0.52	0.52	IV
	纵坡失稳 C_{42}	-0.77	-0.66	-0.32	0.32	IV
	管涌流沙突涌 C_{43}	-0.71	-0.56	-0.12	0.12	IV
	特殊地质地基处理不当 C_{44}	-0.76	-0.64	-0.28	0.28	IV
	排水降水不到位 C_{45}	-0.79	-0.68	-0.36	0.36	IV
	模板支撑体系失稳 C_{46}	-0.84	-0.76	-0.52	0.52	IV
	边坡荷载超载 C_{47}	-0.83	-0.74	-0.48	0.48	IV
	坑底隆起 C_{48}	-0.59	-0.39	0.24	-0.16	III
	沉降位移监测失误 C_{49}	-0.72	-0.58	-0.16	0.16	IV

续表 5.5

一级风险指标	二级风险指标	评价指标关联度 K_j				所属等级
		$K_1(X_j)$	$K_2(X_j)$	$K_3(X_j)$	$K_4(X_j)$	
环境因素 C_5	自然环境 C_{51}	−0.60	0.36	−0.18	−0.45	Ⅱ
	道路交通条件复杂 C_{52}	−0.30	0.28	−0.14	−0.43	Ⅱ
	地表水与地下水影响 C_{53}	−0.47	0.2	0.4	−0.27	Ⅲ
	湿陷性黄土等不良地质 C_{54}	−0.63	−0.44	0.12	−0.097	Ⅲ
	工作空间受限 C_{55}	−0.31	0.2	−0.1	−0.4	Ⅱ
	地下管线 C_{56}	−0.32	0.08	−0.04	−0.36	Ⅱ
	相邻建筑物影响 C_{57}	−0.47	0.2	0.4	−0.27	Ⅲ

5.3.3.3 风险分析及控制措施

根据关联度的计算和风险等级的划分原则，得出西安市某明挖法施工安全风险的 38 个指标的判断结果，针对该情况分析如表 5.6 所示，通过分析，可以得出如下结论：

（1）该项目整体属于Ⅲ级风险，风险偏大，存在伤害事故的隐患。因此，在管理方面、施工技术、环境方面需要加强管理，根据确定的风险指标影响性比较大的方面具体进行预防。

（2）本项目施工技术风险因素属于Ⅳ级风险，因此需要加强施工技术管理，主要预防土体滑坡、基底隆起、突涌、支护结构破坏等方面风险因素。

表 5.6 明挖法安全风险等级数量统计

风险等级	Ⅰ	Ⅱ	Ⅲ	Ⅳ
数量统计	0	9	19	12

本章主要介绍了风险评价方法和物元可拓模型。通过研究可拓理论和评价过程，对城市地下综合管廊建设安全风险指标进行了定量化的研究。首先，通过熵权法确定每个指标的权重，然后根据专家对工程实例在管理方面的打分评价所得到的数据，采用物元可拓模型对项目进行评估，确定影响指标和各个风险等级间的相关程度；最后，确定施工过程中安全管理的安全评价等级。对多种风险指标实施控制措施，将人员和经济损失降到最低，以预防工程事故的发生或防止事态进一步扩大造成更大的损失。

6 城市地下综合管廊施工安全控制措施

6.1 盾构法案例及控制措施

6.1.1 工程概况

西安市对某老城区进行市政管线改造，该项目针对老城区地质特点，选择盾构法进行支线综合管廊的施工，选用土压平衡式小直径盾构机。支线管廊埋深为 5m，管廊盾构机总长 10m，总质量约 150t，外径为 4.8m，内径为 4.2m，刀盘直径为 5m；管片幅宽 1m，厚度 0.3m。管片环由两块邻接块和一块封顶块这三块标准块构成，封顶块两侧带坡面，邻接块一侧带坡面，管片间采用螺栓连接，错缝拼装。

6.1.2 环境分析

（1）地质条件。管廊所处区域为西安市老城区，该区域属于黄土梁洼地貌，地形呈波状起伏。土层从上往下分别是人工填土、黄土和黏性土。人工填土位于老城，深度大约 2~8m；梁区黄土较深，含几层古土壤；洼区黄土较浅，大多只含一层古土壤；黏性土位于黄土层底部。该项目的综合管廊所处位置的土层分别是素填土、新黄土、古壤土、粉质黏土、中砂层。

（2）水文条件。本项目在勘察期间，实测地下水位埋深 12.6~15.1m，地下水的主要补给方式为大气降水，并通过自然蒸发、人工开采以及侧向径流排泄。

（3）周边环境。拟建管廊所在场地位于西安市老城区，两侧紧邻住宅小区建筑，道路狭窄，且道路下方铺设电力、通信、燃气、污水、雨水、给水、热力等 7 种市政管线。

6.1.3 基于可拓的风险分析

6.1.3.1 确定指标权重

结合第 5 章有关权重的分析，本书针对不同城市地下综合管廊施工工法，均采用专家打分法和熵权法结合的方式来确定施工管理过程中各安全风险因素的影响大小。其操作步骤如下：邀请具有相关经验的专家学者以及施工管理经验丰富的项目经理一共 10 人对各指标发生安全风险的可能性进行打分，分数为 10 分制；然后采用熵权法对各个因素的影响大小进行权重的计算。对盾构法施工风险因素的打分及权重结果如表 6.1 所示。

表 6.1 盾构施工风险影响因素打分统计

指标		专 家										总分	权重
		1	2	3	4	5	6	7	8	9	10		
A_1	B_1	9	8	8	8	8	9	8	8	9	7	82	0.0129
	B_2	7	9	7	7	6	6	6	7	9	9	73	0.0620
	B_3	8	9	9	8	9	8	8	8	8	8	83	0.0072
	B_4	7	7	6	8	6	6	8	7	7	7	69	0.0240
	B_5	7	6	6	8	6	7	7	7	7	8	68	0.0287
	B_6	5	5	4	6	5	5	7	6	6	5	54	0.0521
	B_7	7	6	8	9	7	6	9	8	9	7	76	0.0517
	B_8	6	5	4	5	5	7	7	5	6	6	56	0.0643
	B_9	8	7	8	7	7	8	8	6	5	7	71	0.0443
	B_{10}	8	7	8	8	8	8	9	9	9	8	82	0.0129
A_2	B_{11}	8	9	8	7	8	7	9	9	9	7	80	0.0299
	B_{12}	7	6	7	7	7	7	7	8	7	6	69	0.0146
	B_{13}	7	8	8	8	7	8	9	8	8	7	76	0.0269
	B_{14}	5	6	5	7	4	5	5	6	6	6	55	0.0518
	B_{15}	5	6	4	6	5	6	5	5	6	6	54	0.0373
	B_{16}	6	5	7	5	5	7	5	5	5	7	57	0.0579
	B_{17}	6	5	5	6	4	5	5	5	4	5	50	0.0385
	B_{18}	7	6	5	5	6	5	5	4	4	4	51	0.0801
A_3	B_{19}	6	7	6	5	6	7	4	4	5	5	55	0.0838
	B_{20}	5	5	5	5	4	4	6	6	5	6	51	0.0456
	B_{21}	7	6	6	5	5	5	7	7	7	6	64	0.0496
	B_{22}	8	9	9	9	9	8	8	7	6	7	80	0.0385
	B_{23}	8	7	6	8	8	8	8	8	7	8	76	0.0190
	B_{24}	7	6	6	8	8	9	9	9	9	9	79	0.0512
	B_{25}	8	7	8	9	9	9	9	9	9	9	86	0.0148

注：A_1 为技术风险；A_2 为机械材料风险；A_3 为环境风险；$B_1 \sim B_{25}$ 代表的含义见表 6.3。

根据熵权法确定权重的原则，借助 Matlab 编程进行计算，可以得到盾构法施工风险因素的各二级指标权重为：$W_2 = [\,0.0129, \ 0.0620, \ 0.0072, \ 0.0240,$ $0.0287, \ 0.0521, \ 0.0517, \ 0.0643, \ 0.0443, \ 0.0129, \ 0.0299, \ 0.0146, \ 0.0269,$

0. 0518, 0. 0373, 0. 0579, 0. 0385, 0. 0801, 0. 0838, 0. 0456, 0. 0496, 0. 0385, 0. 0190, 0. 0512, 0. 0148];由此确定一级评价指标的权重为:$W_1 = [0.3607,$ 0. 3370, 0. 3025]。

6.1.3.2　确定经典域与节域

本书在进行风险的可拓分析时,均把风险划分为 4 个等级,其中各个等级的评价标准为: I 级为 $\langle 0, 0.25 \rangle$; II 级为 $\langle 0.25, 0.5 \rangle$; III 级为 $\langle 0.5, 0.75 \rangle$; IV 级为 $\langle 0.75, 1.0 \rangle$。根据上述风险等级的划分,从而可分别确定出节域与 4 个经典域。

节域:

$$R_P = (P, C_i, X_{Pi}) = \begin{bmatrix} & C_1 & 0, 1 \\ \text{I} - \text{IV} & C_2 & 0, 1 \\ & \vdots & \vdots \\ & C_{25} & 0, 1 \end{bmatrix}$$

经典域:

$$R_1 = (\text{I}, C_{i,} X_{1i}) = \begin{bmatrix} & C_1 & 0, 0.25 \\ \text{I} & C_2 & 0, 0.25 \\ & \vdots & \vdots \\ & C_{25} & 0, 0.25 \end{bmatrix}$$

$$R_2 = (\text{II}, C_i, X_{2i}) = \begin{bmatrix} & C_1 & 0.25, 0.5 \\ \text{II} & C_2 & 0.25, 0.5 \\ & \vdots & \vdots \\ & C_{25} & 0.25, 0.5 \end{bmatrix}$$

$$R_3 = (\text{III}, C_i, X_{3i}) = \begin{bmatrix} & C_1 & 0.5, 0.75 \\ \text{III} & C_2 & 0.5, 0.75 \\ & \vdots & \vdots \\ & C_{25} & 0.5, 0.75 \end{bmatrix}$$

$$R_4 = (\text{IV}, C_i, X_{4i}) = \begin{bmatrix} & C_1 & 0.75, 1.0 \\ \text{IV} & C_2 & 0.75, 1.0 \\ & \vdots & \vdots \\ & C_{25} & 0.75, 1.0 \end{bmatrix}$$

6.1.3.3 确定待评价物元矩阵

待评价物元如下：

$$R_0 = (P_0,\ C_i,\ X_i) = P_0 \begin{bmatrix} C & 0.82 \\ C & 0.73 \\ C & 0.83 \\ C & 0.69 \\ C & 0.68 \\ C & 0.54 \\ C & 0.76 \\ C & 0.56 \\ C & 0.71 \\ C & 0.82 \\ C & 0.80 \\ C & 0.69 \\ C & 0.76 \\ C & 0.55 \\ C & 0.54 \\ C & 0.57 \\ C & 0.50 \\ C & 0.51 \\ C & 0.55 \\ C & 0.51 \\ C & 0.64 \\ C & 0.80 \\ C & 0.76 \\ C & 0.79 \\ C & 0.86 \end{bmatrix}$$

6.1.3.4 计算关联度

利用式（5-12），可以计算出各个风险影响因素关于各等级的关联度 $K_j(X_j)$，盾构法施工第二层风险关联度如表 6.2 所示。

表 6.2 盾构施工第二层风险关联度

指　标	评价指标关联度 K_j				所属等级
	$K_1(X_j)$	$K_2(X_j)$	$K_3(X_j)$	$K_4(X_j)$	
管片拼装精度不足 B_1	-0.76	-0.64	-0.28	0.28	IV
盾体吊装发生碰撞 B_2	-0.64	-0.46	0.08	-0.07	III
掘进过程推进偏移 B_3	-0.77	-0.66	-0.32	0.32	IV
纠偏不当 B_4	-0.59	-0.38	0.24	-0.16	III
注浆压力不当 B_5	-0.57	-0.36	0.28	-0.18	III
排土量速度控制不当 B_6	-0.39	-0.08	0.16	-0.31	III
进出洞过程中突水、漏水 B_7	-0.68	-0.52	-0.04	0.04	IV
盾构后退 B_8	-0.41	-0.12	0.24	-0.3	III
出洞段轴线偏离设计 B_9	-0.61	-0.42	0.16	-0.12	III
开挖面断裂 B_{10}	-0.76	-0.64	-0.28	0.28	IV
管片质量缺陷 B_{11}	-0.73	-0.6	-0.2	0.2	IV
密封件密封效果差 B_{12}	-0.59	-0.38	0.24	-0.16	III
轴承失效、断裂 B_{13}	-0.68	-0.52	-0.04	0.04	IV
排渣螺旋机出土不畅 B_{14}	-0.40	-0.1	0.2	-0.31	III
浆液材料不符合标准 B_{15}	-0.39	-0.08	0.16	-0.31	III
吊装、安装过程中零部件损坏 B_{16}	-0.43	-0.14	0.28	-0.3	III
渣土特性不符合要求 B_{17}	-0.33	0	0	-0.33	II
刀头磨损 B_{18}	-0.35	-0.02	0.04	-0.33	III
周围管线影响 B_{19}	-0.40	-0.1	0.2	-0.31	III
障碍物清理不及时 B_{20}	-0.35	-0.02	0.04	-0.33	III
地层加固不当 B_{21}	-0.52	-0.28	0.44	-0.23	III
地下水位控制不当 B_{22}	-0.73	-0.6	-0.2	0.2	IV
前方地质预报不准 B_{23}	-0.68	-0.52	-0.04	0.04	IV
盾构进出洞时姿态突变 B_{24}	-0.72	-0.58	-0.16	0.16	IV
上部覆土坍塌 B_{25}	-0.81	-0.72	-0.44	0.64	IV

6.1.3.5 风险等级评价

根据上表中计算所得各指标的关联度，通过式（5-15）可以计算出 $K_j =$ 0.325，依据前文所述关于风险等级的确定，本项目技术风险发生概率等级为 3 级，盾构机材料风险发生概率等级为 2 级，环境风险发生的概率等级为 3 级，项目整体风险等级为 3 级。

6.1.4 控制措施

对一级指标评价结果进行分析，可知一级指标风险等级中较高的因素为：环境因素和技术因素；结合二级风险指标的评价结果，发现风险等级较高的因素为：管片拼装精度不足，掘进过程推进偏移，进出洞过程中突水、漏水，开挖面断裂等因素。因此，针对该城市地下综合管廊盾构施工过程中可能出现的安全风险因素，本书主要从环境因素和技术因素中风险水平较高的因素提出应对措施和建议。

6.1.4.1 技术方面

（1）盾构机在掘进过程中，严格控制管片的拼装精度和管片质量，为保证管片的拼装质量，须严格控制盾构掘进参数，防止管片出现裂缝、错台等现象；防止止水条损坏而导致管片渗漏；防止管片变形，需要同步注浆结合补强注浆进行。

（2）严格控制盾构推进过程中的偏移风险。按"勤纠偏、小纠偏"原则，通过计算合理选择和控制各千斤顶的行程量，并在掘进过程中严格控制千斤顶的行程、油压和油量，并根据测量结果及时调整盾构机和管片的位置和姿态，保证盾构机和隧道轴线始终沿设计轴线。

（3）掘进通过后的加固措施。为保证洞口土体的稳定性，掘进通过后须对已掘进地段和洞口进行后期补浆加固。根据掘进施工记录、地面监测记录、建筑物监测记录等找出潜在的沉降地段，并对此地段进行后期注浆补强。

6.1.4.2 施工环境方面

（1）加强施工过程中的第三方监测。严格控制项目的地下水位，根据地质勘察资料，对该段地下水情况进行预测，并对施工期间管廊的渗水情况、渗水位置和水量进行观测记录。如果渗水量很大，则选择适当的方法进行堵水。加强超前地质预测、监测和测量，必要时增加监测频率，及时发现施工现场地质环境的变形或沉降情况，以采取相应措施，确保盾构过程顺畅无阻。

（2）盾构穿越复杂地层时的应对措施。盾构区间在强风化砂岩的富水地层进行掘进时，土体会受到刀盘扰动，在水力作用下易发生迅速坍塌，从而使开挖面的土体呈流塑状涌入土仓，导致出渣口喷涌、流砂，很大程度上会引起地面沉降和塌陷，并且在盾尾处还会形成积水沉渣，影响正常施工工序，造成停工。其应对措施如下：

1）需要注意在高强度降雨的时段，必须做好预防和加固措施，避免盾构过程中管廊上部覆土坍塌。

2）在管廊对应上方地面做好对路面沉降等相关的安全风险测量监控工作，按时汇总相应的数据资料，并及时反馈到地下施工一线。

3）为防止渣土含水量过大而产生喷涌的风险，可通过选择适当的土体改良添加剂以调整土体的可塑状态。

4）操作螺旋输送机等渣土输送设备时，切勿突然开关机器，保证开关速率始终稳定而平缓地增加。

6.1.4.3　掘进过程中的险情控制

（1）水量异常增大时，应立即中止开挖进程，并组织人员撤离现场。

（2）现场发现管涌预兆后，及时发信号给操作室，要求立即关闭螺旋输送机，中止开挖进程。

（3）边坡出现险情时，应立即中止边坡附近的施工生产，加压沙袋，摊铺防水油布并用砂体压实。

（4）发生喷涌时，应立即关闭螺旋输送机，及时清理喷涌渣土，尽快恢复推进。

6.2　浅埋暗挖法案例及控制措施

6.2.1　工程概况

（1）项目基本情况。某干线综合管廊项目，全长 5620m，设计年限为 100 年，采用浅埋暗挖法施工，抗震设防烈度为 8 度，三舱钢筋混凝土结构，设计断面为矩形，设计拟入廊管线包括给水、再生水、雨水、污水、电力、通信、热力、天然气 8 种。

（2）地质条件。根据工程地质调查及现场钻探揭露，拟建场地地层较为简单，自上而下分别为：地表分布有厚薄不均的全新统人工填土（$Q4^{ml}$）；其下为上更新统风积（$Q3^{eol}$）新黄土及残积（$Q3^{el}$）古土壤，再下为中更新统风积（$Q2^{eol}$）黄土及残积（$Q2^{el}$）古土壤，再下为中更新统冲积（$Q2^{al}$）粉质黏土及其中的砂夹层和透镜体。本工程场地属于三级（严重）自重湿陷性黄土场地。

（3）地震条件。该管廊项目地处华北地震区，该区域历史地震活动频繁，是我国地震危险区之一。拟建工程场地位于黄土梁洼地段，地形平坦，地势开阔，地基土类型属中硬土。

6.2.2　环境分析

勘察期间为平水位期。实测稳定地下水埋深为 14.4～17.5m，相应的标高为 409.95～413.42m。地下水类型为孔隙性潜水，地下水主要赋存于中更新统黄土、古土壤、粉质黏土层及其中的砂层中，含水层的厚度大于50m，主要由大气降水及地下径流补给，并通过自然蒸发、人工开采及径流排泄。砂土层透水性良好，本区间揭露的砂层主要为中砂和砂砾层，勘探范围内均有分布。地下水位年变化幅度按2.00m考虑。

6.2.3 基于可拓的风险分析

6.2.3.1 确定指标权重

根据6.1.3节中指标权重确定的标准和计算方法，可得到浅埋暗挖施工风险影响因素打分及权重结果如表6.3所示。

表6.3 浅埋暗挖施工风险影响因素打分统计

指标		专家										总分	权重
		1	2	3	4	5	6	7	8	9	10		
A_1	B_1	6	8	7	6	7	8	5	6	7	6	66	0.0397
	B_2	7	7	7	8	6	6	7	8	7	7	70	0.0169
	B_3	7	9	8	9	9	8	10	9	6	8	83	0.0373
	B_4	6	7	7	7	8	7	8	6	7	7	70	0.0169
	B_5	7	7	6	8	7	6	7	8	8	7	71	0.0201
	B_6	8	9	9	9	9	10	9	9	9	8	89	0.0076
	B_7	8	9	9	9	9	8	8	9	9	7	85	0.0132
	B_8	8	8	8	7	8	7	7	8	7	8	76	0.0087
	B_9	7	7	7	8	8	8	8	8	7	8	76	0.0087
	B_{10}	8	7	6	7	6	7	7	6	7	6	67	0.0186
A_2	B_{11}	7	8	6	5	8	8	8	6	6	7	69	0.0481
	B_{12}	7	6	6	5	5	6	6	6	6	7	60	0.0229
	B_{13}	7	7	6	6	6	7	6	6	7	6	64	0.0120
	B_{14}	6	5	6	5	5	5	7	6	8	7	61	0.0482
	B_{15}	6	5	4	3	4	5	2	4	3	5	41	0.1653
	B_{16}	6	6	4	3	5	5	3	4	4	5	42	0.1556
	B_{17}	7	8	7	6	6	5	5	5	6	8	63	0.0620
	B_{18}	8	8	6	7	6	7	5	7	5	9	68	0.0534
A_3	B_{19}	7	7	7	8	6	8	7	7	7	7	72	0.0144
	B_{20}	8	9	9	9	9	7	8	9	8	7	82	0.0174
	B_{21}	7	8	9	9	8	8	9	8	9	8	84	0.0131
	B_{22}	8	6	6	5	5	4	5	5	6	4	54	0.0835
	B_{23}	6	6	5	6	5	6	5	6	5	5	55	0.0170
	B_{24}	7	6	5	6	5	5	4	5	5	4	52	0.0566
	B_{25}	7	7	8	8	6	8	6	8	8	6	72	0.0144
	B_{26}	7	8	7	7	8	6	8	8	6	6	71	0.0284

注：A_1为技术风险；A_2为机械材料风险；A_3为环境风险；$B_1\sim B_{26}$代表的含义见表6.4。

根据熵权法确定权重的原则，借助Matlab编程进行计算，可以得到浅埋暗挖法施工风险因素的各二级指标权重为：$W_2 = [\,0.0397,\ 0.0169,\ 0.0373,\ 0.0169,$ $0.0201,\ 0.0076,\ 0.132,\ 0.0087,\ 0.0087,\ 0.0186,\ 0.0481,\ 0.0229,\ 0.0120,$ $0.0482,\ 0.1653,\ 0.1556,\ 0.0620,\ 0.0534,\ 0.0144,\ 0.0174,\ 0.0131,\ 0.0835,$ $0.0170,\ 0.0566,\ 0.0144,\ 0.0284\,]$；由此确定一级评价指标的权重为：$W_1 =$ $[\,0.1877,\ 0.5674,\ 0.2449\,]$。

6.2.3.2　确定经典域与节域

根据 6.1.3 节，可分别确定出节域与四个经典域。

节域：

$$R_P = (P,\ C_i,\ X_{Pi}) = \begin{bmatrix} & C_1 & 0,\ 1 \\ \text{I} - \text{IV} & C_2 & 0,\ 1 \\ & \vdots & \vdots \\ & C_{25} & 0,\ 1 \end{bmatrix}$$

经典域：

$$R_1 = (\text{I},\ C_i,\ X_{1i}) = \begin{bmatrix} & C_1 & 0,\ 0.25 \\ \text{I} & C_2 & 0,\ 0.25 \\ & \vdots & \vdots \\ & C_{25} & 0,\ 0.25 \end{bmatrix}$$

$$R_2 = (\text{II},\ C_i,\ X_{2i}) = \begin{bmatrix} & C_1 & 0.25,\ 0.5 \\ \text{II} & C_2 & 0.25,\ 0.5 \\ & \vdots & \vdots \\ & C_{25} & 0.25,\ 0.5 \end{bmatrix}$$

$$R_3 = (\text{III},\ C_i,\ X_{3i}) = \begin{bmatrix} & C_1 & 0.5,\ 0.75 \\ \text{III} & C_2 & 0.5,\ 0.75 \\ & \vdots & \vdots \\ & C_{25} & 0.5,\ 0.75 \end{bmatrix}$$

$$R_4 = (\text{IV},\ C_i,\ X_{4i}) = \begin{bmatrix} & C_1 & 0.75,\ 1.0 \\ \text{IV} & C_2 & 0.75,\ 1.0 \\ & \vdots & \vdots \\ & C_{25} & 0.75,\ 1.0 \end{bmatrix}$$

6.2.3.3 确定待评价物元矩阵

$$R_0 = (P_0, \ C_i, \ X_i) = P_0 \begin{bmatrix} C & 0.66 \\ C & 0.70 \\ C & 0.83 \\ C & 0.70 \\ C & 0.71 \\ C & 0.89 \\ C & 0.85 \\ c & 0.76 \\ C & 0.76 \\ C & 0.67 \\ C & 0.69 \\ C & 0.60 \\ C & 0.64 \\ C & 0.61 \\ C & 0.41 \\ C & 0.42 \\ C & 0.63 \\ C & 0.68 \\ C & 0.72 \\ C & 0.82 \\ C & 0.84 \\ C & 0.54 \\ C & 0.55 \\ C & 0.52 \\ C & 0.72 \\ C & 0.71 \end{bmatrix}$$

6.2.3.4 计算关联度

利用式（5-12），可计算出浅埋暗挖法施工各个风险影响因素关于各等级的关联度 $K_j(X_j)$，如表 6.4 所示。

表 6.4 浅埋暗挖施工第二层风险关联度

指 标	评价指标关联度 K_j				所属等级
	$K_1(X_j)$	$K_2(X_j)$	$K_3(X_j)$	$K_4(X_j)$	
超挖/欠挖 B_1	−1.64	−0.32	0.36	−0.16	Ⅲ
爆破安全管理不到位 B_2	−1.80	−0.40	0.20	−0.08	Ⅲ

指　标	评价指标关联度 K_j				所属等级
	$K_1(X_j)$	$K_2(X_j)$	$K_3(X_j)$	$K_4(X_j)$	
拱顶变形 B_3	−2.32	−0.66	−0.11	0.32	Ⅳ
注浆压力/长度不合适 B_4	−1.80	−0.40	0.20	−0.08	Ⅲ
防水工作不符合设计要求 B_5	−1.84	−0.43	0.16	−0.06	Ⅲ
初支背后出现空洞 B_6	−2.56	−0.78	−0.19	0.44	Ⅳ
基坑支护不到位 B_7	−2.40	−0.70	−0.13	0.40	Ⅳ
混凝土养护不到位 B_8	−2.06	−0.52	−0.01	0.04	Ⅳ
初期支护与二次衬砌间应力及表面应力不合适 B_9	−2.06	−0.52	−0.01	0.04	Ⅳ
基底隆起或变形 B_{10}	−1.68	−0.34	0.32	−0.14	Ⅲ
小导管长度不足 B_{11}	−1.76	−0.38	0.24	−0.10	Ⅲ
机器工作疲劳 B_{12}	−1.40	−0.20	0.40	−0.33	Ⅲ
检测设备故障 B_{13}	−1.56	−0.28	0.44	−0.21	Ⅲ
机器零件缺失 B_{14}	−1.44	−0.22	0.56	−0.30	Ⅲ
材料入场不及时 B_{15}	−0.64	0.24	−0.28	−4.86	Ⅳ
材料保管不规范 B_{16}	−0.68	0.32	−0.24	−3.67	Ⅳ
注浆机不畅通 B_{17}	−1.52	−0.26	0.48	−0.24	Ⅲ
超小导管尺寸不合适 B_{18}	−1.72	−0.36	0.28	−0.11	Ⅲ
地质土层变化频繁 B_{19}	−1.88	−0.44	0.12	−0.04	Ⅲ
地表沉降过大 B_{20}	−2.28	−0.64	−0.09	0.28	Ⅳ
周围土体荷载过大 B_{21}	−2.36	−0.68	−0.12	0.36	Ⅳ
有毒有害气体 B_{22}	−1.16	−0.08	0.16	−0.64	Ⅲ
地下埋设物情况不明确 B_{23}	−1.20	−0.10	0.20	−0.57	Ⅲ
地上、地下管线影响 B_{24}	−1.08	−0.04	0.08	−0.79	Ⅲ
出洞时周围土体被破坏 B_{25}	−1.88	−0.44	0.12	−0.04	Ⅲ
地下水情况复杂 B_{26}	−1.84	−0.42	0.16	−0.06	Ⅲ

6.2.3.5　风险等级评价

根据上面计算所得的各指标的关联度，通过式（5-15）可以计算出 K_j = 0.063，根据前面所确定的风险等级，本项目技术风险发生概率等级为 3 级，机械材料风险发生概率等级为 2 级，环境风险发生的概率等级为 3 级，项目整体风险等级为 3 级。

6.2.4 控制措施

对一级指标评价的结果进行分析，可知在一级指标风险等级中较高的因素仍为环境因素和技术因素；对二级风险指标的评价结果进行分析，发现风险等级较高的因素分别为：基坑支护不到位、初支背后出现空洞、初期支护与二次衬砌间应力及表面应力不合适、地表沉降过大、周围土体荷载过大等因素。同时，该项目的施工区域属于严重自重湿陷性黄土场地，因此，针对该地下综合管廊施工过程中可能出现的安全风险因素，在制定安全风险防范措施时，加强基坑施工的风险管理就至关重要，针对本工程基坑的风险源给出如下安全风险防范措施。

6.2.4.1 技术方面

A 土体滑坡预防措施

（1）土方开挖前，技术人员与设计人员应到现场观察实际地质条件和地下水情况，查看与勘测结果是否一致，若不一致则需对基坑开挖方案、支护方案进行修改。

（2）基坑开挖过程中，必须按设计要求分层开挖，严格控制土方开挖速度、分层厚度以及放坡坡度。采用支护结构的基坑工程，应在土方开挖后及时架设支撑，防止土体坍塌。

（3）基坑土方开挖时，禁止在基坑周边计算滑移线内设置车辆拉运土方道路或在该范围内超负荷堆载。

（4）放坡开挖中一定要做好排水工作，基坑周边地面宜作硬化或防渗处理。若坡顶地面没有硬化，排水沟应该尽可能远离坡顶边线，防止水渗入滑动土体。坡顶和坡脚砌筑排水沟对雨水进行疏干引导，防止雨水长期浸泡坑底土层，破坏土体结构，导致土体结构失稳。

B 坑底隆起、突涌防控措施

（1）土方开挖前，应结合当地水文地质条件，采取合适的降水措施降低地下水位。各降水井井位应沿基坑周边按照一定间距形成闭合状。

（2）基坑内的设计降水水位应低于基坑底面 0.5m，基坑施工前，应确保地下水位达到设计要求后方可进行土方开挖，并应在施工过程中，严格控制地下水位，做好地下水位的监测工作。

（3）宜采用回灌法减少地层变形量，以降低基坑降水引起的地层变形对基坑周边环境产生的不利影响。明沟、集水井和沉淀池使用时应排水通畅。

C 支护结构破坏防控措施

（1）每段开挖到下层支撑标高后，应尽早安装支撑，并施加预加轴力；从开挖结束到支撑安装及预加轴力完成的时间，应根据土层的物理力学性质确定，防止支护不及时导致支护结构破坏。如果下层土层为软弱土，土层对围护结构的被动土压力小，时间过长不利于支护结构的稳定，时间限制应控制在 24h 之内。当该段支撑安装及预加力完成后，方能进行下一段开挖。

（2）支护结构的强度设计值，锚杆、土钉、围护墙等嵌固深度应满足相应规范的要求，按标准施工。合理选择预警指标，制定监测方案，对支护结构的内力、变形进行监测，若内力监测值未达到设计要求需调整支护方案，对支护结构进行加强处理。

（3）基坑开挖应符合下列要求：1）对采用预应力锚杆的支护结构，应在施加预加力后，方可开挖下层；2）对土钉墙，应在土钉、喷射混凝土面层的养护时间大于 2 天后，方可开挖下层土方。开挖时，挖土机械不得碰撞或损坏锚杆、腰梁、土钉墙墙面、内支撑及其连接件等构件，不得损坏已施工的基础桩。

6.2.4.2　环境方面

（1）基坑工程施工前，应对基坑周边建筑物地下管线、地下障碍物、地下设施等详细调查，制定适当的预防保护措施。

（2）土方应顺序开挖，禁止盲目超挖。基坑工程施工过程中应加强对周边建（构）筑物的监测，发现问题及时分析原因并解决。

（3）若邻近基坑的建筑基础底面标高高于新开挖基坑或周边管线出现渗漏、管沟积水等情况应制定相应的加固措施，完成加固后再对基坑进行土方开挖。

（4）基坑工程施工中应严格控制承压水水位，一般地下水位应控制在坑底的 0.5~1m 左右，禁止超降。同时在降排水时，要注意观察深基坑外边的水位情况，如果水位下降得太快，应及时检查是否出现漏水，通过注浆，进行堵漏。

6.3　暗挖（顶管）法案例及控制措施

6.3.1　工程概况

6.3.1.1　项目概况

西安市某地下综合管廊位于西安市雁塔区，为二环内老城区，管廊西起长安南路，东至翠华路，沿翠华路向南至昌明路，整体呈"L"形布置，入廊管线分别为：电力电缆、通信线缆，廊体敷设于现状雁南一路道路机动车道北侧、翠华路道路机动车道南侧。管廊直径 3.5m，采用顶管法施工方式，起点桩号为 K0+035，终点桩号为 K0+004，全长共计 1225m。项目位置见图 6.1。

图 6.1　项目管廊位置图

6.3.1.2　地质、气候情况

A　气候情况

拟建城市地下综合管廊地处西安市碑林区，西安市属温带大陆性半湿润气候区，四季分明，冬夏较长，春秋气温升降急剧，夏季炎热，秋季多连阴雨，年平均气温 13.3℃，一月平均气温 -1.0℃，七月平均气温 26.6℃，极端最低气温 -20.6℃，极端最高气温 41.7℃。年降水量在 500~700mm 之间，年平均降水量为 580.6mm，降水多集中在 7~9 三个月。年平均气压为 $970.3×10^2$ Pa。年平均湿度为 71%~73%，由西北向东南逐渐递增。因受地形及河流的影响，常年主导风向为东北风，频率为 14%，次主导风向为西南风，频率为 9%，全年静风频率为 29%，多年平均风速为 2m/s。

B　地质情况

场地呈东高西低、南高北低之势，勘探点实测地面高程介于 415.92 ~ 425.20m 之间，高差最大为 9.2m。拟建场地地貌单元为黄土梁洼。

根据工程地质调查及现场钻探揭露，场地土工程地质层按层序分述如下：

杂填土① （Q_4^{ml}）：杂色，松散~稍密，主要由沥青路面及建筑垃圾组成，土质不均，厚度 0.80~2.50m，层底标高 414.22~424.30m。由于本层受人类活动影响较大，在场地内分布厚度变化大。

黄土② （Q_3^{eol}）：黄褐色，可塑，针状及大孔隙发育，含少量钙质条纹及结核，偶见植物根及蜗牛壳。该土层湿陷系数 δ_S 介于 0.000~0.102 之间，具弱湿陷性，局部湿陷性强烈。压缩系数平均值 $a_{1-2}=0.28MPa^{-1}$，属中压缩性土。层厚 6.70~9.10m，层底深度 7.60~10.30m，层底标高405.72~417.60m。

古土壤③（Q_3^{el}）：棕红色，可塑，针状孔隙较发育，团粒状结构，含大量钙质结核和钙质条纹，偶见虫孔，层底有薄层钙质结核层。该土层湿陷系数 δ_S 介于 0.001~0.030 之间，部分土样具湿陷性。压缩系数平均值 $a_{1-2}=0.24MPa^{-1}$，属中压缩性土。该层层厚 3.60~4.10m，层底深度 11.60~13.90m，层底标高 402.12~413.60m。

黄土④（Q_2^{eol}）：褐黄色，可塑，土质均匀，针状孔隙发育，含少量白色钙质条纹，偶见蜗牛壳。该土层湿陷系数 δ_S 介于 0.013~0.017 之间，部分土样具湿陷性。压缩系数平均值 $a_{1-2}=0.30MPa^{-1}$，属中压缩性土。该层未钻穿，最大揭露厚度8.40m，最深钻至20.00m，最深钻至标高395.92m。

C 水文地质条件

该项目于 2017 年 4 月进行实地勘察，实测地下水稳定水位埋深 12.6~15.10m，相应高程介于401.92~410.10m 之间，属于潜水类型，地下水的主要补给方式为大气降水，并通过自然蒸发、人工开采以及侧向径流排泄。

6.3.2 环境分析

本工程位于老城区，紧邻住宅小区建筑、临街商铺、银行、学校、医院、停车场、公交车站等。道路下方铺设管线有：给水管道、污水管道、雨污合流管道及地下人防通道；人行道下敷设管线类别有：电力电缆沟、燃气管线、污水支管、雨水支管、热力支管、燃气支管、给水支管等；人行道上：种植树木，间距5~6m，且有通信落地电箱、市政设施等；同时，在人行道在道路桩号 K0+050~K0+400 范围为现状架空 10kV 高压电线，处于廊体上方，电杆直径约 40~50cm，高度约9m，上部敷设 7 根高压电线。

根据地质勘察报告，实测地下水稳定水位埋深12.6~15.10m，相应高程介于401.92~410.10m 之间，属于潜水类型，地下水的主要补给方式为大气降水，并通过自然蒸发、人工开采以及侧向径流排泄。

6.3.3 基于可拓的风险分析

同理，根据 6.1.3 节的分析思路，可得顶管施工风险因素打分及权重结果如表 6.5 所示。

表 6.5 顶管施工风险影响因素打分统计

指标		专　家										总分	权重
		1	2	3	4	5	6	7	8	9	10		
A_1	B_1	8	8	8	7	7	7	9	7	8	7	76	0.0148
	B_2	7	6	7	6	7	8	6	8	7	6	68	0.0238
	B_3	6	5	8	7	4	5	6	8	6	7	62	0.082
	B_4	7	8	7	7	6	7	7	7	7	8	71	0.0114
	B_5	8	9	7	8	7	8	6	9	8	8	78	0.0254
	B_6	5	7	7	6	7	6	5	7	7	7	64	0.0322
	B_7	5	7	7	6	5	5	5	5	6	7	58	0.0441
	B_8	5	5	5	6	5	6	5	5	6	6	57	0.0248
	B_9	5	4	7	5	6	6	6	6	6	6	57	0.0504
	B_{10}	4	5	5	4	4	3	3	4	6	5	43	0.087
A_2	B_{11}	5	5	5	4	5	4	3	5	4	4	44	0.047
	B_{12}	7	8	7	7	7	6	7	7	6	5	67	0.0279
	B_{13}	8	8	8	7	7	6	6	7	6	6	69	0.0286
	B_{14}	8	7	9	9	8	7	7	7	6	5	73	0.0537
	B_{15}	5	6	7	6	5	5	7	7	7	6	61	0.0372
	B_{16}	6	5	8	7	5	5	5	7	6	5	59	0.06
	B_{17}	5	6	8	7	8	6	6	7	7	6	66	0.0383
A_3	B_{18}	7	6	6	6	7	8	6	8	7	7	70	0.0243
	B_{19}	8	9	7	6	8	8	8	8	8	8	78	0.019
	B_{20}	6	6	7	6	5	5	5	5	5	7	59	0.0391
	B_{21}	6	6	6	5	5	6	7	4	5	7	57	0.0504
	B_{22}	7	8	7	7	5	7	7	8	6	6	68	0.0335
	B_{23}	8	8	8	7	6	8	6	8	7	7	74	0.0163
	B_{24}	8	7	8	6	8	8	8	8	8	7	75	0.0164
	B_{25}	6	5	5	7	6	5	5	4	4	5	52	0.0548
	B_{26}	6	6	5	6	5	5	5	5	3	5	51	0.0575

注：A_1 为技术风险；A_2 为机械材料风险；A_3 为环境风险；$B_1 \sim B_{26}$ 代表的含义见表 6.6。

根据熵权法确定权重的原则，借助 Matlab 编程进行计算，可以得到顶管法施工风险因素的各二级指标权重为：$W_2 = [$ 0.0148, 0.0238, 0.082, 0.014, 0.0254, 0.0322, 0.0441, 0.0248, 0.0504, 0.087, 0.047, 0.0279, 0.0286, 0.0537, 0.0372, 0.06, 0.0383, 0.0243, 0.019, 0.0391, 0.0504, 0.0335,

0.0163, 0.0164, 0.0548, 0.0575]; 由此确定一级评价指标的权重为: $W_1 =$ [0.3959, 0.2927, 0.3113]。

6.3.3.1　确定经典域与节域

根据 6.1.3 节, 可分别确定出节域与四个经典域。
节域:

$$R_P = (P, C_i, X_{Pi}) = \begin{bmatrix} & C_1 & 0, 1 \\ I - IV & C_2 & 0, 1 \\ & \vdots & \vdots \\ & C_{25} & 0, 1 \end{bmatrix}$$

经典域:

$$R_1 = (I, C_i, X_{1i}) = \begin{bmatrix} & C_1 & 0, 0.25 \\ I & C_2 & 0, 0.25 \\ & \vdots & \vdots \\ & C_{25} & 0, 0.25 \end{bmatrix}$$

$$R_2 = (II, C_i, X_{2i}) = \begin{bmatrix} & C_1 & 0.25, 0.5 \\ II & C_2 & 0.25, 0.5 \\ & \vdots & \vdots \\ & C_{25} & 0.25, 0.5 \end{bmatrix}$$

$$R_3 = (III, C_i, X_{3i}) = \begin{bmatrix} & C_1 & 0.5, 0.75 \\ III & C_2 & 0.5, 0.75 \\ & \vdots & \vdots \\ & C_{25} & 0.5, 0.75 \end{bmatrix}$$

$$R_4(IV, C_i, X_{4i}) = \begin{bmatrix} & C_1 & 0.75, 1.0 \\ IV & C_2 & 0.75, 1.0 \\ & \vdots & \vdots \\ & C_{25} & 0.75, 1.0 \end{bmatrix}$$

6.3.3.2 确定待评价物元矩阵

$$R_0 = (P_0,\ C_i,\ X_i) = P_0 \begin{bmatrix} C & 0.76 \\ C & 0.68 \\ C & 0.62 \\ C & 0.71 \\ C & 0.78 \\ C & 0.64 \\ C & 0.58 \\ C & 0.57 \\ C & 0.57 \\ C & 0.43 \\ C & 0.44 \\ C & 0.67 \\ C & 0.69 \\ C & 0.73 \\ C & 0.61 \\ C & 0.59 \\ C & 0.66 \\ C & 0.70 \\ C & 0.78 \\ C & 0.59 \\ C & 0.57 \\ C & 0.68 \\ C & 0.74 \\ C & 0.75 \\ C & 0.52 \\ C & 0.51 \end{bmatrix}$$

6.3.3.3 计算关联度

利用式（5-12），可计算出顶管法施工各个风险影响因素关于各等级的关联度 $K_j(X_j)$，如表 6.6 所示。

表 6.6　顶管施工第二层风险关联度

指　标	评价指标关联度 K_j				所属等级
	$K_1(X_j)$	$K_2(X_j)$	$K_3(X_j)$	$K_4(X_j)$	
顶进速度不当 B_1	-0.68	-0.52	-0.04	0.04	IV
管道接头密封性不良 B_2	-0.57	-0.36	0.28	-0.18	III
洞穴尺寸偏差 B_3	-0.49	-0.24	0.48	-0.25	III
顶力不当 B_4	-0.61	-0.42	0.16	-0.12	III
导轨安装偏差 B_5	-0.71	-0.56	-0.12	0.12	IV
顶管高程及轴线控制偏差 B_6	-0.52	-0.28	0.44	-0.23	III
主顶油缸偏移 B_7	-0.44	-0.16	0.32	-0.29	III
泥水管沉淀 B_8	-0.43	-0.14	0.28	-0.3	III
吊管过程中出现事故 B_9	-0.43	-0.14	-0.14	-0.3	II
中继间间距设置不当 B_{10}	-0.3	0.28	-0.12	-0.43	II
机器工作疲劳 B_{11}	-0.3	0.24	0.32	-0.41	III
仪表值不正常 B_{12}	-0.56	-0.34	0.24	-0.2	III
机器零件缺失 B_{13}	-0.59	-0.38	0.08	-0.16	III
钢管变形扭转 B_{14}	-0.64	-0.46	0.44	-0.07	III
密封防腐失效 B_{15}	-0.48	-0.22	0.36	-0.26	III
长距离顶进中信息传递受阻 B_{16}	-0.45	-0.18	0.36	-0.28	III
钢管焊缝渗漏 B_{17}	-0.55	-0.32	0.2	-0.21	III
地质土层变化频繁 B_{18}	-0.6	-0.4	-0.12	-0.14	I
周围土体荷载过大 B_{19}	-0.71	-0.56	0.36	0.12	III
地下埋设物情况不明确 B_{20}	-0.45	-0.18	0.28	-0.28	III
地上地下管线影响 B_{21}	-0.43	-0.14	-0.04	-0.3	I
出洞时周围土体破坏 B_{22}	-0.57	-0.36	0.28	-0.18	I
地下水位变化 B_{23}	-0.65	-0.48	0.04	-0.04	I
地面沉降或隆起 B_{24}	-0.67	-0.5	0	0	III
雨、雪等自然环境 B_{25}	-0.36	-0.04	0.08	-0.32	III
管内通风不佳 B_{26}	-0.35	-0.02	0.04	-0.33	III

6.3.3.4　风险等级评价

　　根据上面计算所得各指标的关联度，通过式（5-15）可以计算出 $K_j = 0.1818$，根据前面所确定的风险等级，本项目技术风险发生概率等级为 3 级，机械材料风险发生概率等级为 3 级，环境风险发生的概率等级为 3 级，项目整体风险等级为 3 级。

6.3.4 控制措施

对一级指标评价的结果进行分析，可以发现在一级指标风险等级中较高的因素为技术因素；在二级风险指标的评价结果中，风险等级较高的因素分别为：顶进速度不当、导轨安装偏差、吊管过程中出现事故、钢管变形扭转、地面沉降或隆起等因素。因此，针对该地下顶管法管廊施工过程中可能出现的安全风险因素，提出以下措施：

（1）顶力控制。顶力控制的关键：1）在控制顶力的要求下，尽可能利用主顶进装置一次顶进最长的距离，也就是最大限度地减少顶进阻力；2）合理设置中继间间距以及设置几套中继间。

（2）土石方开挖安全措施。

1）明确生产经理即安全责任人，明确参加施工的各类人员的安全职责。

2）土石方开挖前，坑壁上和支撑上杂物清理干净，防止后续施工过程中坠落伤人。

3）土石方开挖必须严格按照方案设计的程序进行，按照时空效应原理，分层、分区、分块，尽量减少每步开挖面积，每步开挖后支撑及时跟进，减少边坡无支护暴露时间。

4）现场任何超过设计基坑深度的开挖深度都必须报相关单位（业主、设计、监理单位等）复核、批准。

5）严格按照开挖方案进行开挖，土石方开挖须按台阶式逐行开挖，严禁一次开挖到底，并且需要注意挖除后的大量土石方，避免因此造成土坡侧向应力增大过快而产生险情。

（3）吊装施工安全措施。

1）加强吊装过程中的安全管理，保证起吊过程有专业人员指挥作业，专职安全员全程在旁监督。起重机的作业环境应该是平坦、坚实的，在正常作业时，地面坡度不得大于3°。

2）起重机启动前重点检查各项目应符合下列要求：

①各安全防护装置及各指示仪表齐全完好；

②钢丝绳及连接部位符合规定；

③燃油、润滑油、液压油、冷却水等添加充足；

④各连接件无松动。

3）起重机启动前应将主离合器分离，各操纵杆放在空挡位置，并应按照规定启动内燃机。内燃机启动后，应检查各仪表指示值，待运转正常再接合主离合器，进行空载运转，顺序检查各工作机构及其制动器，确认正常后，方可作业。作业时，起重臂的最大仰角不得超过出厂规定。起重机变幅应缓慢平稳，严禁在起重臂未停稳前变挡换位；起重机荷载达到额定起重量的 90% 及以上时，严禁下降起重臂。在起吊荷载达到额定起重量的 90% 及以上时，升降动作应慢速进行，并严禁同时进行两种以上动作。

4）起吊重物时应先将重物吊离地面 200～500mm 后，确认重物已挂牢，起重机的稳定性和制动器的可靠性均良好，方可继续起吊。在重物升起过程中，操作人员应把脚放在制动踏板上，密切注意起吊重物，防止吊钩冒顶。当起重机停止运转而重物仍在空中时，即使制动踏板被固定，脚仍应踩在制动踏板上。当起重机需带载行走时，荷载不得超过允许起重量的 70%，行走道路应坚实平整，重物应在起重机正前方，重物离地面不得大于 500mm，并应栓好拉绳，缓慢行驶。严禁长距离带载行驶。

5）作业后，起重臂应转至顺风方向，并降至 40°～60° 之间，吊钩应提升到接近顶端的位置，应关停内燃机，将各操纵杆放在空挡位置，各制动器加保险固定，操纵室和机棚应关门上锁。起重机使用的钢丝绳，其结构形式、规格及强度应严格符合该型号起重机使用说明书的要求。

6）钢丝绳与卷筒应连接牢固，放出钢丝绳时，卷筒上应至少保留 3 圈，收放钢丝绳时应防止钢丝绳打环、扭结、弯折和乱绳，不得使用扭结、变形的钢丝绳。使用编结的钢丝绳，其编结部分在运行中不得通过卷筒和滑轮。

7）起重机的吊钩和吊环严禁补焊。

（4）顶管施工过程控制地面不均匀沉降的措施。

1）施工过程中需根据相关单位提供的地质资料，预先对将穿越的土层进行专业分析，了解穿越土层的物理及力学特性，掘进时进行出土实样的对比工作。

2）为保证顶管顶进工作的顺利进行，施工人员需根据穿越土层的改变及时调整掘进机的姿态。

3）在经过地质松软或进行过回填土的地段，为防止地面下沉的风险，须在施工前进行加固；在经过河流时，需注意不能顶破土层让河水灌入导致无法继续施工；在遇到地下有毒气的地方，先停止作业，利用通风装置进行毒气的疏散，在确保安全之后再继续进行作业。

4）顶管在顶进时要按设计要求的轴线、坡度进行，施工过程中纠偏措施十分重要，在穿越不同土层、上下坡时都应进行纠偏。纠偏应遵循以下原则：小角度纠偏、纠偏过程中不能大起大落。把握好这些原则之后，能避免因为纠偏不当而造成地面不均匀沉降，同时对控制施工风险起到积极有利的作用。

5）防止通道在使用过程中出现不均匀沉降的风险，在顶管结束后，选用 1：1 的水泥浆液，通过注浆孔置换管道外壁浆液，根据不同的水土压力确定注浆压力，再对通道外土体进行加固处理。

（5）做好施工监测和信息反馈处理，避免塌方事故的出现。

1）针对顶管穿越区域的地面、周边的建（构）物和地下管线等的监测。

①顶管井施工阶段在土方开挖过程中，监控每节段的开挖深度，避免出现超挖，并观察顶管井内地下水位的变化，确保周边的临时结构止水效果满足要求，若出现异常时，及时停止开挖，采取措施控制涌水现象的产生。一般情况下，塌方事故的前兆均是涌水，然后伴随着涌砂和轻微的塌方等现象发生，及时控制方可有效减少事故的发生。

②机头顶进施工阶段监测工作应随顶管机头的顶进进度跟进监测，设置预警值，及时反馈信息，并迅速响应。当管道上方为刚性路面时，应跟随机头顶进速度对路面进行抽芯观察地面下沉情况，并及时进行回填处理，当路面或建（构）物发生沉降时，及时采取回填注浆等加固措施控制沉降。若临时封闭交通条件具备时，可在机头顶进线路的周边采用临时封闭措施，封闭范围随机头顶进而移动，避免塌方事故范围的扩大。

2）机头前方出土量的监测。在顶进过程中，定期搜集理论出土量和泥浆箱的实际出土量的信息，并作对比分析，以便及时调整顶进速度或调整出土量。

3）机头后方的回填注浆的监测。在顶管过程中，一般机头每顶进一定距离（1m）需对管道周边注减阻泥浆，监测注浆过程中路面的变化，避免路面产生因注浆产生的隆起现象，同时对注浆量进行分析，避免周边出现空洞而未回填注浆密实。

4）编制应急预案，确保应急预案有效运行。在顶管工程事故处理的相关措施中，机械伤害、物体打击、触电等事故大都是突发性的，一般情况下只能通过事前措施控制事前的发生，塌方事故发生前可以通过有效的监控手段发现前兆，及时处理则可以避免事故发生，因此编制应急预案时应针对事故发生的特点，有针对性地编制措施。应急预案当中应有完善的人员架构、联络机制、应急物资以及针对性的应急措施，并定期演练，确保应急机制的有效性。

本章进行了城市地下综合管廊施工安全风险评估模型的案例分析，分别介绍了盾构法、明挖法、浅埋暗挖法三种管廊常用施工方法，并在第4章和5章建立的城市地下综合管廊施工安全风险评估体系基础上，结合专家咨询和调查问卷等方式完成盾构法地下综合管廊施工安全风险评估模型的建立及其评估体系，明确西安市某盾构法施工的地下综合管廊施工安全风险等级，找出本案例中影响管廊施工安全的主要风险因素，从而有针对性地制定风险控制措施。本章也分析了明挖法和浅埋暗挖法管廊施工中常见的风险因素，并制定相应的风险防范措施，以供其他类似项目参考。

7 城市地下综合管廊运维安全风险管理

7.1 城市地下综合管廊运维现状及存在问题

7.1.1 城市地下综合管廊运维现状

住房和城乡建设部、工业和信息化部、国家广播电视总局、国家能源局在2019年11月底，发布了《关于进一步加强城市地下管线建设管理有关工作的通知》。通知提出：（1）健全城市地下管线综合管理协调机制；（2）推进城市地下管线普查；（3）规范城市地下管线建设和维护三点要求，目标是进一步加强城市地下管线建设管理，保障城市地下管线运营安全，改善城市人居环境，推进城市地下管线集约高效建设和使用，促进城市绿色发展。

2020年是我国城市地下综合管廊建设至关重要的一年。根据国务院办公厅发布的《关于推进城市地下综合管廊建设的指导意见》，到2020年底要促进建成一批拥有世界最高水平的地下综合管廊，在其运营过程中，既能保障内部管线安全性，同时具备应对各类风险的能力。近年来，城市地下综合管廊建设的稳步推进，在逐步消除主要街道蜘蛛网式架空线现象、改善城市面貌的同时，其建设规模的加大和建设速度不断加快，也让"如何科学合理地使用及运维管廊"成为了城市管理者思考的关键问题。

2015年至2020年约8000km管廊陆续投入建设，至2020年底主体结构均可竣工，其生命周期也将从"建设施工阶段"逐步过渡到"运营维护阶段"，这一过程的转变让管廊利益相关方——运维管理公司、管线单位、用户等的关注和需求从"安全建设"转变为"安全运维"。从1958年北京天安门管廊建设至今，尽管我国管廊已有六十多年的建设历史，但由于早期建成的小型设施覆盖范围有限，所在城市也处于初步发展阶段，尚未形成当下的规模，对管线的需求量很小。因此，已建成的管廊中，管线的数量和类型以及相关的安全问题均较少。现如今，管廊已逐渐成为城市市政建设热点，规模不断扩大，容纳管线数量和种类不断增加。因此，管廊内部空间的安全性和稳定性变得越来越重要，而以往的运维经验对当前现代化基础设施安全运营管理的借鉴意义微乎其微。

各类市政管线集成于城市地下综合管廊内，构成了城市运行的资源"脉搏"，其内部构造如图7.1所示。由于不同类型的市政管线化学性质、物理性质和传输方式均不同，又共存于相对封闭而复杂的同一空间环境中，因此管廊在运营期间，其内部风险事件往往不会孤立存在，而在时间、空间以及成因上存在着相互联系，综合形成复杂的安全风险环境，组成一个复杂的风险链式系统或链式演化过程，其基本演化过程如图7.2所示。管廊属狭长形地下空间结构，像道路交通线般分布于城市核心区域的地下，其传输资源多是天然气、电力等危险性高的物质及能源，若某一处发生安全事故，在多米诺效应下极易引发大范围风险事故威胁四周居民的生命安全及财产安全，破坏城市的平稳运行。

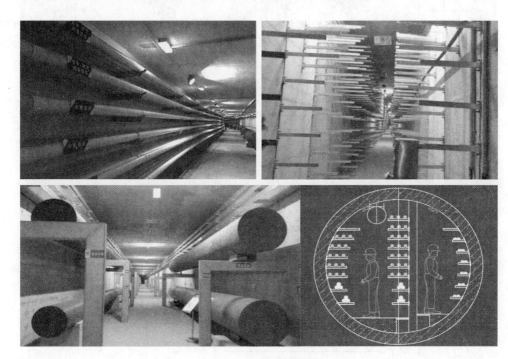

图 7.1　管廊内部构造

如图7.3所示，管廊运维阶段安全风险事故主要包括火灾/爆炸、水灾、结构损伤等。

安全运维既是管廊基本需求的同时也是城市未来发展过程中必须面对和解决的紧要问题。因此本章针对管廊运维阶段深入研究安全风险管理过程，按照风险识别、评估和控制的研究逻辑推进，构建适用于城市地下综合管廊运维的安全风险管理体系，并以此为基础提出建立有效的管理控制措施，保障管廊安全运维，建设平安城市。

7.1.2　管廊运维阶段风险特点

管廊内部环境复杂多样，密闭复杂的集成空间特性会使危险叠加，具有巨大

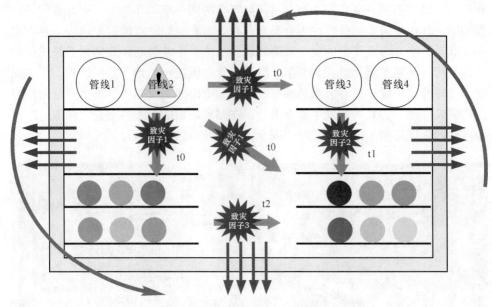

图 7.2　运维阶段管廊内部安全风险演化过程

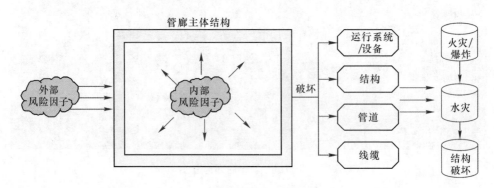

图 7.3　管廊运维阶段主要事故

经济损失和人员伤害隐患。管廊运维阶段管理的复杂性由以下原因造成：

（1）地理位置隐蔽。管廊通常建造于城市的干线道路下，因此具有地下工程的隐蔽性这一特征。在地下数米深的地方，管廊内运输的天然气、电力等一些高危险、高能量的资源，如果发生爆炸或其他故障，不仅事故应对难度大，而且会进一步引发坍塌等次生灾害，不可避免会对居民和地面建筑物造成损害。

（2）关联单位众多。多种管线集聚使得管廊运维涉及电力、热力、自来水、给排水、天然气等多种专业。除此之外，有限的地下空间推动了管廊的建设，使得部分城市开始探索将管廊集成于城市人防工程，这就需要管廊不仅能够承载常规各种市政管线，而且需要满足城市人防功能。功能多元化使责任划分变得复杂，因此也将增加管廊设施的运营和维护工作的难度。

（3）事故连锁。前文提到，管廊具有危险源复杂、不确定性程度大，事故种类众多等特点，更为重要的是，一点发生安全事故，就会像多米诺骨牌倒塌现象一样，波及全面产生连锁灾害，危及同一空间的设备或管线。事故的连锁反应也给事故发生后的处理和救援工作带来了巨大的困难。

在运维风险管理过程中，要在有限的地下综合管廊空间内，考虑入廊管线的布置、分仓管理、管廊外部环境信息等多种宏观因素的同时，还要对综合管廊内的湿度、含氧量、能耗、通风、温度等内部参数进行时刻监控，以能够对潜在危险进行预防预控。随着综合管廊的大规模建设，传统依靠人的巡检的管理模式，已经难以满足综合管廊的安全运维管理标准，因此安全且高效的运维管理模式是当下我们需要迫切解决的一个核心问题。

7.1.3　现存的问题

我国现阶段建成并投入使用的管廊数量较少，运维管理经验相对匮乏。目前我国城市地下综合管廊运维阶段主要存在以下问题：

（1）重建设而轻运维。我国管廊项目大多于2014年启动，截至2020年初，已投入运营使用的管廊里程仅占全国管廊建设总里程的20%左右，包含部分处于已建成但尚未投入使用的项目。对于已投入运行的管廊项目，按照原定设计规模进行运营的占比约30%。部分管廊项目完工后闲置，未达到管线入廊使用实现经济效益的目的，而投入使用的项目也存在一系列问题，例如因为经验不足、管理制度不完善而使得入廊管线比原设计规模小，收费难，运营效益低。其次从学术研究角度来看，按照工程项目全生命周期各阶段进行划分，并以关键词"管廊规划、管廊设计、管廊施工、管廊运营 & 运维"进行文献指数分析，图 7.4 显示了 2019 年知网收录的上述管廊关键词的中文文献搜索结果，从文献数量可以看出现阶段我国对管廊运维阶段研究较少。

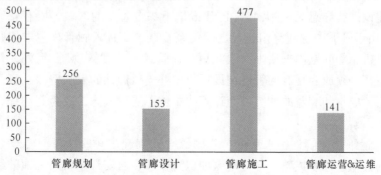

图 7.4　管廊不同阶段研究文献数量（数据来自中国知网，2019 年）

（2）管理标准不统一。已建成的管廊通常存在以下问题：标准低，横截面尺寸小，无法满足管线增容以及日常维护和检查需要；部分管廊在使用了较短时间内就出现了结构下陷和裂缝的现象。为此，住房和城乡建设部组织专家编制了《城市地下综合管廊工程规划编制指引》《城市综合管廊工程技术规范》和《城市综合管廊工程投资估算指标》，以便于解决建设标准不高、管廊规划不统一、运营管理粗放等突出问题。但当前依然存在以下问题：

1）运维管理单位几乎不参与前期设计规划，因此在规划设计、施工过程中没有充分考虑后期运维管理的需要。

2）管廊建设全过程的信息化尚未完全实现，规划、设计、施工过程数据标准不统一，难以实现信息数据协同，管廊运维管理方也就无法获取完整的管理资料，从而难以衔接管廊前期建设过程，造成信息脱节。

3）从负责管廊运维的管理单位看，入廊管线繁多以及服务对象多样。管廊运维单位涉及市政、交通、市容市貌等政府职能管理部门，也有不同融资模式下的社会资本方，这就造成了统一管理过程中存在诸多问题。

4）从运营绩效评价看，目前绝大多数地区没有完善的运营绩效考核机制，管廊产权单位和入廊管线单位难以对管廊运维管理单位进行考核。

（3）单位多且协调难。管廊是一个包含许多参与单位的复杂项目，初期规划、设计立项阶段包括了发展和改革、财政、规划管理、市政管理等部门。实施阶段包括运输、住房建设、国土资源等单位。后期阶段则包括水务、电力、电信、天然气等入廊管线单位。由于参与单位数量众多，因此存在诸如审批程序复杂、传输信息不及时、数据不完整、利益冲突等问题。不同主体之间协调难度大、信息不协同，造成应急管理不及时、运维管理信息不统一等问题。如某市在综合管廊管理办法的制定过程中前后共收集到 17 个部门的反馈意见，由于各单位利益出发点以及管理范围不同，导致意见不一致，致使管理办法的修改耗时 7 个多月之久[23]。

（4）管线单位入廊意愿不强。国务院办公厅印发的《关于推进城市地下综合管廊建设的指导意见》指出，"已建设地下综合管廊的区域，所有管线必须入廊"。但由于管道中的利益相关者之间关系复杂，而且入廊管线主导权归属以及收费定价机制等问题尚未清晰，因此很难让管线"全线入廊"。另外，每个管线入廊单位都必须放弃现有的管道埋设项目，并支付额外的入廊费以及日常运营和维护费用，成本和利益的冲突进而让管线单位不愿意入廊，成为制约综合管廊发展的主要因素[23]。

（5）运维管理信息化水平低。我国综合管廊起步较晚，目前在综合管廊建设方面的技术已逐步成熟，部分地区如珠海横琴、西安常宁新区等地的综合管廊项目在规划设计和施工阶段相继应用了电子备案、红外检测、VR、BIM 等先进技术手段，但这些技术在规划设计和施工阶段取得的成果并没有很好地与运维阶段对接，电子资料的价值没有得到很好的利用。目前已有的综合管廊监控运维系统，功能主要集中于监控监视、消防安全等方面，相应的应急智能控制、地上地下信息联动等管理技术应用相对不足[23]。

从以上分析可知：管廊运维阶段风险管理逐步引起社会各界重视，但在实际运维管理过程中，各方面问题不断涌出，管廊推广建设的最初目的是为了资源节约和高效集成，但现状却是南辕北辙。针对运维阶段风险管理和控制的系统研究成果较少，本章意在完善这一方面的不足，对城市地下综合管廊运维阶段的风险进行深入研究，为管廊运营管理单位制定运营管理方案提供一定的参考，同时为城市地下建（构）筑物风险管理研究做出微薄的贡献。

7.2 城市地下综合管廊运维阶段安全风险因素辨识

城市地下综合管廊的构成包括廊体结构、廊内各市政管线、相关附属设施，运维管理系统以及其他经主管机关等认为有必要的设备等。除基本设施外，与管廊安全相关的外部如自然环境、周边社会环境、廊内外人员等诸多因素也包含在管廊运维系统内。考量以上后，本章对城市地下综合管廊运营系统进行分析，结合风险管理理论，从以下过程进行城市地下综合管廊运维安全风险研究：

（1）明确风险管理目标对象——管廊运维阶段安全风险。

（2）借助文献总结、项目调研及专业人员技术经验，确定管廊运维阶段可能出现的风险事故类型。

（3）针对单个事故类型，采用事故树分析法（fault tree analysis）分析事故发展过程，辨识风险因素并剔除小概率因素。

（4）在单一事故树分析的基础上，采用系统论、事故致因理论的观点整体探讨管廊运维风险，合并相似因素，按照"人-机-管-环"构建风险评价指标体系。

（5）根据管廊运维风险特性建立风险评价模型，并根据目标对象的指标特点合理优化评价模型，以期得到科学的风险评价结果。

（6）管理与控制。根据风险评价结果针对城市地下综合管廊运营阶段安全管理，提出合理的风险预防预控方案及建立风险响应决策机制。具体流程如图7.5所示。

7.2.1 风险因素识别方法

风险识别是进行风险管理分析的首要工作，主要借助风险分析方法辨析管廊

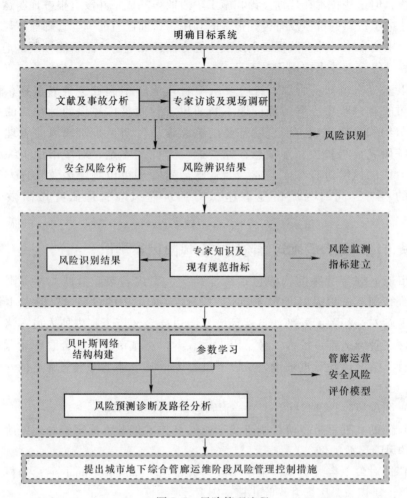

图 7.5　风险管理流程

运维过程中潜在的安全风险因素。在管廊所处环境复杂、管线众多的背景下，要实现高效的风险识别，就要做到全面的风险识别，避免发生遗漏，因此选择科学的识别方法是保障管廊运维阶段风险识别科学合理和严密的前提。

　　城市地下综合管廊运维阶段风险因素的识别既要符合相关单位进行风险管理的习惯做法，又要便于后续展开风险评价工作。现有风险识别方法种类繁多，被应用于各个领域。常用识别方法主要有访谈法、头脑风暴法、情景分析法、故障树法、德尔菲法等。近年来，也出现了使用两种或两种以上方法相结合来进行工程安全风险管理研究。

　　为了能够科学准确并全面识别出管廊运维过程中的潜在安全风险因素，因此本章采用事故树和系统论事故致因理论相结合的方法进行管廊运维风险辨识工作，依据安全事故类型分别建立起事故树，最后明确风险因素，为后面建立评价指标及风险评价做好准备工作。

7.2.2 基于事故树分析的管廊运维风险辨识

事故树分析包括两个部分：一是通过定性分析来分析目标系统，并确定风险源。通过建立合理的事故逻辑框架，逐步研寻风险发展路径和各类风险的因果关系。二是定量分析。事故树的准确性在于算法的唯一性。计算规则反映了事件在事故树中基本事件的不同组合。通过确定风险源的发生相对概率，可以逆向预测事故发生概率。因为管廊运维阶段安全风险指标的多元化的特殊性，因此本章采用事故树定性辨识影响因素进行分析。

7.2.2.1 事故树描述

事故树中采用不同符号来表示不同含义的事件，各事件之间的逻辑门也采用对应的符号进行描述，即完整的事故树由事件符号和逻辑门符号共同描述[24]。本书中使用的事故树符号如表 7.1 所示。

表 7.1 事故树符号

序号	名称	符号	意义
1	基本事件	○	基本事件处于事故树的底层环节，是导致事故发生的源头性事件
2	中间事件	▭	中间事件是基本事件，是上层事件，中间事件在事故树中处于中间环节，其上层事件是其发展结果
3	顶事件		事故树顶端环节，在事故树中具有独一性，事故链的最后输出事件即为顶事件
4	省略事件	◇	不必做进一步分析其原因不明的事件为省略事件，二次事件也可用省略事件表示
5	与门	⌂	表示当且仅当输入事件全部都发生时，其输出事件才发生
6	或门	⌂	表示全部输入事件至少有一个发生，其输出事件就可以发生

7.2.2.2 事故树编制原则

事故树的编制原则主要有：

（1）优先可能性较大的顶事件。包含事件较多的事故树产生的事件逻辑关系较多，其内部结构复杂。由于可能性较大的顶事件在底层能够分解出较多的基本原因事件，因此应优先考量可能性较大的顶事件。

（2）边界条件需要确定。研究某一顶事件的基础是对边界条件进行提前确定。比如，以管廊运维期间内部火灾/爆炸事故作为顶事件进行研究，其研究过程应限于管廊系统组织和管理范围内，否则将出现不合理的结果。

（3）推导过程循序渐进。按层级顺序进行事故树的推导分析，以避免引起对事故树内风险源分析时重复和遗漏的现象。

（4）事故树结构符合逻辑关系。事故树中事件与事件间不允许存在直接的连接关系[24]。

7.2.2.3　事故树编制

事故树基础资料是挖掘同一或相似工程项目曾发生过的事故实际数据，或从未来可能发生的事故中推导演绎来的，事故树分析在事故的生成途径、各事件间运作机理上具有显著的优势，能够及时对潜在风险采取防控措施并且避免相类似事故再发生。但由于所服务对象在分析目的、事故特征存在差异，专家学者的意见也大有不同，故采用事故树对不同风险分析系统的分析过程会有较大差异。

为了保障分析的全面性和重点性，避免重大安全风险源的遗漏，并充分考量管廊内管线众多且周边环境复杂的特性，按照先前的对比分析，选择采用专家调查法与事故树分析法二者结合的方法来推进事故树构建。

本书首先考量科研学术、项目经验、设施运营管理经验等几个方面建立专家组，征询专家意见并广泛收集管廊及相似工程的运维安全管理的基础资料和事故分析档案，确定顶事件。其次，根据数据资料和专家意见，分析顶事件发生原因并编写上层事故树逻辑。接着，将编写好的事故树反馈给专家小组，就事故树与专家进行协商并收集意见。如果事故树得到了专家组的认可，则将进一步分析事故树并得出相关结论；若专家组不认可编制的事故树，则重新反馈给编制者，进行事故树的修改，直至专家组与编制人员达成统一为止。具体步骤如图7.6所示。

7.2.2.4　基于事故树的风险源辨识

通过对城市地下综合管廊运维阶段安全风险因素的初步分析、项目调研以及对地铁及其他相似地下工程项目典型事故的统计分析可知，管廊运维阶

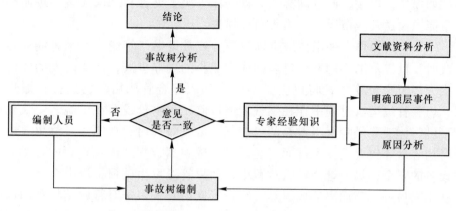

图 7.6　事故树建立步骤

段主要会面临自然灾害、人为灾害、火灾/爆炸、水灾、结构破坏共五类安全风险威胁。

运维期间管廊系统处于一个动态变化的环境，管廊安全的影响因素复杂多元，范围广泛。从管廊系统组成部分上看，管廊运维安全风险包括外部安全风险、管廊主体结构本身安全风险以及管廊内部管线及附属设施安全风险。从事故类型角度来看，潜在安全事故包括自然灾害、人为灾害、火灾/爆炸、水灾、结构破坏等类型。从安全损伤对象划分，既有对管廊主体设施的破坏也有对管廊内部或外界人员造成的伤害[25]。

管廊运维期间，自然灾害属于管廊系统外非人为可控的安全风险威胁，故不作为单独事故类型进行研究。与此同时，对会引起管线、设备故障，从而直接或间接导致管廊火灾、爆炸和水灾三类风险事故的人为事故，因为其不确定性和间接性，故将其置于单一事故分析中。因此，本章将从火灾/爆炸、水灾和结构破坏三个主要方面展开风险识别、评估与控制研究。

A　火灾/爆炸

（1）管廊火灾。管廊火灾是指管廊内可燃物、管道内可燃气体或液体及廊内运行设备等在遇到静电、高温或明火时达到燃点起火的现象，小则造成管廊内局部的管线和设备损坏，大则引发爆炸破坏管廊整体设施，冲击地表周围建筑。管廊火灾成因复杂，危险性高，受地域环境位置、城市空间布局、容纳管线等限制因素，火势很难控制，救援将变得十分困难。管廊内容纳了多类不同管线，可燃物众多，燃气管线、电力电缆、污水管线在运维过程中均存在潜在的火灾隐患。管廊火灾危险性大，当某一管线发生火灾时，尤其是容纳多种不同管线的综合舱内发生火灾时，定会波及其他管线，同时引燃其他可燃物，使得火势扩大，导致多种管线受损，且容易引发其他灾害，如爆炸，坍塌，产生烟雾、有毒气体等次生灾害和二次灾害，进而影响城市能源输送及城市运行，增大财产损失[25]。

（2）管线爆炸。采用传统直埋敷设方式敷设燃气管线、污水管线和热力管线时，世界范围内均发生过多起或大或小的爆炸事故，造成巨大的经济财产损失甚至人员伤亡，将以上三类管线移入综合管廊后，仍然存在爆炸隐患。燃气管线运营过程中存在燃气泄漏风险，污水管线存在甲烷、一氧化碳等可燃气体泄漏风险，当泄漏的可燃气体浓度较高时，遇明火、静电、电火花时均容易导致火灾发生进而引起爆炸，威胁到管廊廊体及管廊内各类管线和设备的安全；热力管线运营过程中，如果管线发生破损，压力会导致水蒸气从小缺口处一喷而出造成爆炸。综合管廊内管线爆炸对管廊结构和内部管线均会产生破坏，严重威胁综合管廊系统的运维安全，需要对潜在爆炸源进行严格监控，防患于未然[25]。

管廊运维阶段火灾/爆炸事故树见图7.7，火灾/爆炸风险因素见表7.2。

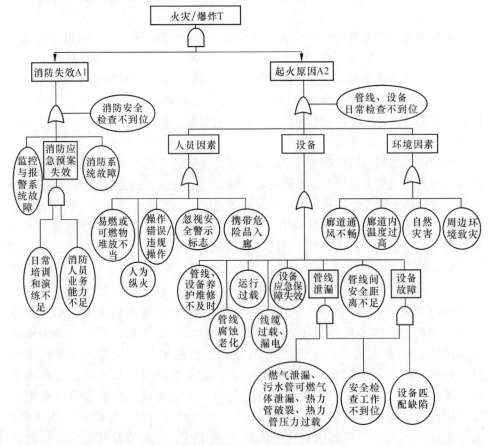

图 7.7　管廊运维阶段火灾/爆炸事故树

表 7.2　火灾/爆炸风险因素表

	事故层	风险因素
城市地下综合管廊运维阶段安全风险	火灾/爆炸	操作错误
		违规操作
		忽视警示标志
		人员素质低
		人为纵火
		易燃物或可燃物堆放不当
		管线设计、技术缺陷
		焊接、施工缺陷
		管材、设备、设施、工具附件有缺陷
		腐蚀老化
		安全设施缺少或有缺陷
		安全标志缺陷
		通风设备故障
		电气设备故障
		监控与报警系统故障
		消防系统故障
		燃气泄漏
		线缆过载、漏电
		燃气泄漏
		污水管可燃气体泄漏
		热力管破裂
		热力管压力过载
		自然灾害
		管线间安全距离不足
		管线间相互影响
		内部温度过高
		通风不畅
		制度、规程不健全
		管理水平低
		管线、设备日常检查不到位
		消防安全检查不到位
		日常培训和演练不足
		管线、设备养护维修不及时

B　水灾

管廊水灾是指因廊内给水、中水、排水、热力等管道破裂或因暴雨、洪涝等灾害出现时，水倒灌进管廊内部而产生大范围积水，并导致管廊内的非防水管线和设备损坏的现象。国内大部分管廊内均敷设了给水、中水等管线，部分管廊内敷设了雨污水管线，北方管廊内还敷设了热力能源管线。任何一类水管出现破裂泄漏，若排水不及时，就会产生水灾，严重时会影响不防水的管线和设备的正常运行，最终将出现各类安全隐患[25]。

管廊运维阶段水灾事故树如图7.8所示，管廊水灾风险因素见表7.3。

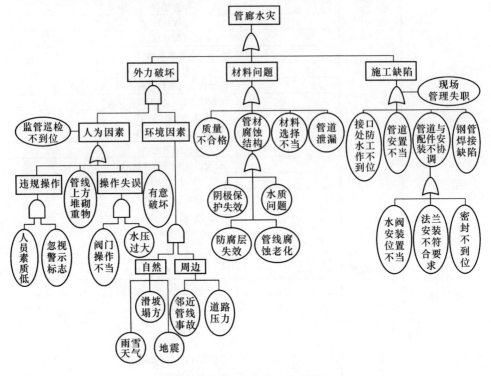

图 7.8 管廊运维阶段水灾事故树

表 7.3 管廊水灾风险因素表

	事故层	风险因素
		人为破坏
		操作错误
		违规操作
		忽视警示标志
		人员素质低
城市地下综合管廊运维阶段安全风险	水灾	给水管道泄漏
		再生水管道泄漏
		污水管道泄漏
		热力管道泄漏
		排水设施故障
		排水监测系统故障
		排水设施设置不全面

	事故层	风险因素
城市地下综合管廊运维阶段安全风险	水灾	管道老化腐蚀结垢
		管材不合格
		接口处连接不良
		自然灾害
		温度变化
		水压作用
		水锤破坏
		管线、设备日常检查不到位
		设备养护维修不及时
		管理部门协调监督不到位

C 结构破坏

管廊属于地下建筑物，运维过程中由于内外部风险因子共同作用于廊体结构，难免会造成结构发生损伤破坏，常见破坏形式包括结构开裂及破损、渗漏水和不均匀沉降等，管廊运维阶段结构破坏事故树见图 7.9。

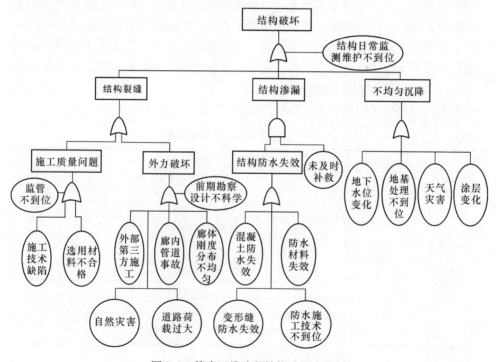

图 7.9 管廊运维阶段结构破坏事故树

　　结构开裂及破损是结构工程中比较常见的病害，细小裂缝在早期可能对结构安全影响不大，但会逐渐发展成为巨大的安全隐患；结构破损会造成廊体结构中的钢筋腐蚀，从而降低结构的抗剪、抗弯性能。管廊结构裂缝包括环向裂缝、纵向裂缝和斜向裂缝，产生原因较多，包括：廊体刚度分布不均匀、外力影响和不均匀沉降等。廊体结构不同节段之间若各自拥有的刚度不适应，或整节廊体刚度分布不均匀，则会引起管廊的变形失调，导致裂缝；管廊附近的建筑施工工程等外力会对土壤产生一定程度的扰动，导致管廊结构出现变形开裂；管廊廊体的不同节段间不均匀沉降会造成两节段接缝处形成错台，从而造成结构破损开裂[25]。

　　结构渗漏是地下工程项目常见的风险项，管廊主体设施渗漏水的主要原因包括结构不均匀沉降、结构防水层破损和管线出入口封堵不严等。廊体结构不均匀沉降产生的相对高差会引起止水带拉裂破坏，从而失去止水效果；管廊结构防水层破损会使土壤中的水直接与墙体接触，水便会从墙体裂缝中渗入到管廊内部；管线出入口封堵不严时，水会通过管线出入口直接流入管廊内部，甚至形成涌流现象。综合管廊结构渗漏水会对管廊运维产生较大的影响，水进入或慢慢渗入管廊内部，将增加管廊内环境湿度，进而加快管线和设备的老化腐蚀，形成安全隐患。

　　管廊结构不均匀沉降是造成结构裂缝及破损和结构渗漏水的重要原因。从病害发生部位看，不均匀沉降主要发生在管廊箱体接缝处，不均匀沉降必然会引起结构裂缝及破损，往往也伴随着结构渗漏水现象。影响综合管廊结构不均匀沉降的因素主要是土质原因和基础处理不当。当管廊所处地区土质为软土层时，基础土质较差容易使廊体结构发生滑移、偏转；若管廊结构基础处理不当，主体结构受力不均匀，易发生滑移、偏转等现象。

　　管廊结构破坏风险因素如表7.4所示。

表 7.4　管廊结构破坏风险因素表

	事故层	风险因素
		工程前期勘查不足
		设计不科学
		施工质量问题
		廊体刚度分布不均匀
城市地下综合管廊运维阶段安全风险	结构破坏	道路荷载过大
		结构防水层破损
		管线出入口封堵不严
		土质分布不均匀
		地基处理不当
		自然灾害
		第三方施工扰动

	事故层	风险因素
城市地下综合管廊运维阶段安全风险	结构破坏	水位变化
		廊体占压
		围岩应力变化
		地面交通载荷过大
		结构日常监管和维护不到位
		监测控制系统不完善

综上所述，本章首先对管廊运维阶段的安全状况进行了资料整理和项目调查研究，确定三种基本事故类型为顶层事件，并深入分析事故发生的直接和间接原因。其次，用规范的故障树理论的符号将顶事件与致使该顶事件发生的中间事件进行连接，并详细分析每个中间事件发生原因，直至不再能够分析得出基本原因事件。最终总结构建出管廊运维安全风险因素辨识表。

7.2.3 管廊运维安全风险因素构成分析

结合实际项目经验，合并同类型相似风险因素，去除发生概率较小的风险因素，同时综合考虑评价过程中专家评价的难易程度与评价可行性，将一些不可抗力因素、不显著性因素转化为管廊环境等内容，最终确定科学合理的管廊运维安全风险因素。

根据上面基于事故树分析得到的管廊运维安全风险源辨识表，可明显看出管廊运维安全风险因素既包括人为因素、设备故障因素，同时还存在自然环境影响和管理方管理不当等因素，可表示为：

$$S = f\{P, F, E, M\}$$

式中　S——城市地下综合管廊运维安全（Safety）；

　　　P——人员因素（People）；

　　　F——设备设施因素（Facilities）；

　　　E——环境因素（Environment）；

　　　M——管理因素（Management）。

人员因素、设备因素、环境因素、管理因素四者之间相互联系、相互作用、相辅相成，任何一方面出现异常情况，会产生连锁反应最终促使管廊安全事故的发生。每个单因素之间的内部因子也是按照一定逻辑结构和关联形成，即不同的因素其实也是一个单独的系统。借助因素之间的关联性，通过分析单一方面因素的内部因子，可以发现每个因素的内部因素找到事故发生因果路径。同时不同方面因素也存在作用与影响联系，如人员的不安全行为会导致设备方面的故障和管理上的问题等。

综上所述，造成城市地下综合管廊安全事故发生因素包括人员、设备、环境和管理要素。每个要素之间有稳定的互动关系，并通过不同的致因因子构成新的子系统。通过研究这些因子及其相互联系，挖掘管廊的风险成因及城市地下管廊运营和维护阶段的风险及其发展过程。综上所述，现利用此思路逐一进行安全事故形成过程分析，构成管廊运维阶段安全风险发生机理，如图 7.10 所示。

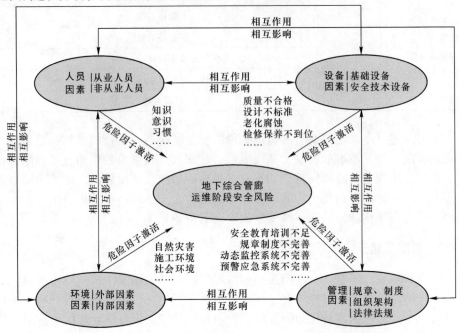

图 7.10　城市地下综合管廊运维阶段安全风险发生机理

依据单个风险事故的事故树分析结果和系统论的观点，从人、物、环境和管理四个类别进行风险因素整体辨识，可得到管廊运维安全风险整体风险因素表，如表 7.5 所示。

表 7.5　管廊运维安全风险影响因素清单

序号	类别1	类别2	基本原因
1			操作失误
2		安全知识或技能不足	应急能力不足
3			施工质量缺陷
4			违规操作
5	人员因素	缺乏安全意识	使用存在安全隐患的设备
6			忽视危险警报和信号
7			物品存放不当
8		不安全习惯	不遵循安全管理条例
9			携带危险品入廊

续表 7.5

序号	类别1	类别2	基本原因
10	设备因素	设计规划缺陷	土质勘察不足
11			周边环境勘察不足
12			管线安全距离设计不合理
13			管线分布不合理
14		管线缺陷	施工缺陷
15			腐蚀老化
16			气体泄漏
17			管线破裂
18			管线运行压力过载
19			设备故障
20			线缆过载、漏电
21			液体泄漏
22		廊体破坏	廊体刚度分布不均
23			围岩应力变化
24			不均匀沉降
25			第三方施工扰动
26			道路荷载过大
27			防水失效
28			结构变形监测不到位
29		安全防护	安全设施不匹配
30			安全标志缺陷
31			监控与报警系统故障
32			消防系统故障
33			排水系统故障
34			应急设施设置不足
35	管理因素	制度规程	缺少安全操作规程
36			人员考核管理制度不健全
37			设备设施日常安全检查和维护制度不完善
38			现场施工质量管理制度不完善
39			施工验收制度不严谨
40		培训教育	缺乏紧急预案
41			缺少安全教育培训

序号	类别 1	类别 2	基本原因
42		培训教育	缺乏工具设备操作培训
43			工作人员监管不到位
44		外部环境	自然灾害
45			地基下沉
46			水位变化
47			土层变化
48	环境因素		邻近构建筑物
49		内部环境	廊道通风不畅
50			廊内温度过高
51			管线运行不稳定
52			管线相互影响

7.3　城市地下综合管廊运维阶段安全风险评价指标建立

7.3.1　风险评价指标建立原则

风险评估的首要任务是确定风险评估指标体系。建立的风险评估指标体系全面科学与否对风险评估的质量有着直接影响。城市地下综合管廊运维阶段安全风险评价指标体系由多个单项评价指标组成，且兼具评价和引导功能，既可以从多方面反映管廊运维安全的特征信息，准确分析运营系统中安全问题的症结所在及其严重程度，也在城市地下综合管廊运维阶段安全风险管理方面起导向作用。因此，在构建指标体系时，应满足以下原则：

（1）完备性与代表性。在运行和维护阶段，市政管廊需要耦合连接和匹配各个子系统，因此，安全评价指标体系要能涵盖运维管理系统的各方面，以实现管廊运维阶段安全的全要素、全过程、全方位集成管理。此外，在指标选取时，应去除代表性不强的指标以降低后期风险管理的难度、风险评价过程的复杂程度，确保指标能更全面地反映出系统安全风险信息。

（2）规范性与适用性。在实施过程中，应考虑管廊运维的实际情境，既需要保证实现其应用价值又需要处理好与现有标准的协调关系，为此应结合现有国家、地方和行业的相关安全法律制度、政策以及运营安全评价标准、规范等，来进行管廊指标体系的设计。

（3）可比较性与可操作性。构建指标体系时应考虑各指标数据和信息可获取性，一方面能够根据调查或现有统计数据反映出实际风险水平；另一方面是对不同对象间可根据同一指标体系的分析结果进行横向比较，且在不同区域或时段下同一指标可以纵向比较。

（4）定性与定量相结合。管廊运维阶段安全风险评价系统的复杂与多元决定了指标体系中必定同时含有定性指标和定量指标，仅仅依据定性指标来评价管廊运维安全风险水平，不可避免会因专家主观偏好而无法保障结果的准确性和可靠性。因此，最终构建完成的指标体系中既要包含定性指标，也要包含定量指标。

（5）静态指标与动态指标相结合。由设备、人员、环境及管理因素所组成的城市地下综合管廊运维阶段系统复杂且不断变化，需要将动态指标和静态指标同时纳入构建的指标体系之中。

（6）层次性与系统性。管廊运维阶段安全风险涉及因素众多，依据其结构分出相应层次，在指标体系构建过程中，既应能充分反映出各层级之间、整体与个体之间关系的评价指标体系，又能保证结构的完整清晰。

7.3.2　风险评价指标构建

管廊运维阶段的安全风险与众多因素相关，包括由人员因素、设备设施因素、环境因素和管理因素等诸多因素综合造成。故而，本书从事故致因理论和系统安全工程的角度分析，结合管廊系统主体结构安全的特点和要求，以及相关安全运维规范和标准，通过以下安全风险评估指标体系构建流程，如图 7.11 所示，进行指标体系构建。

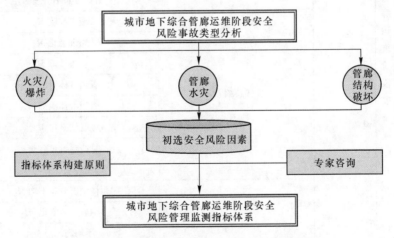

图 7.11　管廊运维安全风险评价指标体系构建流程

进行风险评价的前提和基础是构建风险评价指标体系。指标选取是否合理、结构是否适宜等将决定风险评价结果是否科学有效。本书从系统论的角度出发，结合文献研究法、风险结构分解法及专家调查法将地下综合管廊项目运营风险因素分为人员因素、设备因素、环境因素和管理因素四大类，构成了风险评价指标体系的目标层。每个目标层风险指标通过风险解析又分为多个子风险指标，形成了准则层和指标层，共同构成了城市地下综合管廊运维阶段安全风险评价指标体系，如表 7.6 所示。

表 7.6　城市地下综合管廊项目运维风险评价指标体系

序号	目标层	准则层	指标层
1			操作失误 M_{11}
2		安全知识或技能不足 M_1	应急能力不足 M_{12}
3			施工质量缺陷 M_{13}
4			违规操作 M_{21}
5	人员因素 C_1	缺乏安全意识 M_2	使用存在安全隐患的设备 M_{22}
6			忽视危险警报和信号 M_{23}
7			物品存放不当 M_{31}
8		不安全习惯 M_3	不遵循安全管理条例 M_{32}
9			携带危险品入廊 M_{33}
10			土质勘察不足 M_{41}
11		设计规划缺陷 M_4	周边环境勘察不足 M_{42}
12			管线安全距离设计不合理 M_{43}
13			管线分布不合理 M_{44}
14			施工缺陷 M_{51}
15			腐蚀老化 M_{52}
16			设备故障 M_{53}
17		管线缺陷 M_5	管道气体泄漏 M_{54}
18			管道液体泄漏 M_{55}
19	设备因素 C_2		管线破损 M_{56}
20			管线运行过载 M_{57}
21			线缆过载、漏电 M_{58}
22			廊体刚度分布不均 M_{61}
23			围岩应力变化 M_{62}
24			不均匀沉降 M_{63}
25		廊体破坏 M_6	第三方施工扰动 M_{64}
26			道路荷载过大 M_{65}
27			防水失效 M_{66}
28			结构变形监测不到位 M_{67}

注：目标层为"城市地下综合管廊运维阶段安全风险 C"。

续表 7.6

序号	目标层	准则层	指标层
29			应急设施配备不足 M_{71}
30			安全标志缺陷 M_{72}
31		安全防护设施失效 M_7	监控与报警系统故障 M_{73}
32			消防系统故障 M_{74}
33			排水设施故障 M_{75}
34	城市地下综合管廊运维阶段安全风险 C		数据传输设备故障 M_{76}
35			缺少安全操作规程 M_{81}
36			人员管理考核制度不健全 M_{82}
37		制度规程 M_8	设备设施检查和维护制度不完善 M_{83}
38			质量管理制度不完善 M_{84}
39	管理因素 C_3		验收制度不严谨 M_{85}
40			缺乏紧急预案 M_{91}
41		培训教育 M_9	缺少安全教育培训 M_{92}
42			缺乏工具设备操作培训 M_{93}
43			工作人员监管不到位 M_{94}
44			自然灾害 M_{101}
45			地基下沉 M_{102}
46		外部环境 M_{10}	水位变化 M_{103}
47			土层变化 M_{104}
48	环境因素 C_4		邻近建（构）筑物 M_{105}
49			廊道通风不畅 M_{111}
50		内部环境 M_{11}	廊内温度过高 M_{112}
51			管线运行不稳定 M_{113}
52			管线相互影响 M_{114}

7.4 基于贝叶斯网络的管廊运维安全风险评价过程

彼得德鲁克说过"管理者必须决定是否用现在拥有的时间和金钱等资源来换取未来"风险评价的目的就是明确如何进行资源分配，也就把有限的管理资源用在"刀刃上"。借助专家知识通过对风险因素发生的可能性和后果严重性进行综合分析，确定事件发生概率确定其风险等级并找到导致事故发生的关键路径，然后有针对性地提出安全管理办法。

常用的风险评估方法主要分为定性分析法、定量分析法和综合分析法三大类。专家评判法是城市地下综合管廊运维阶段安全风险管理评估的主要定性分析方法，但无法提供准确的风险评估值是专家评判法的一大缺点。因此，定性与定量相结合的综合分析法成为大多数专家学者对城市轨道交通进行风险评估的常用方法。

由于管廊运维阶段安全风险涉及许多因素，并且各因素之间也存在着相关性，从而在一定程度上使安全风险评估的复杂度增大。风险评估方法的选择将直接影响风险评估过程的难易程度，进而关系到风险评估结果的客观性、准确性。事故树分析问题是比较常见的单一的事故安全风险分析方法，能够准确构建风险发展脉络，但事故树很难包含一些相关性较低的但在诊断事故致因的过程中又必须用到的关于故障分析的信息。贝叶斯网络则具有可以基于模型的实际情况，实时呈现网络的相关结构与参数的动态调整特性等特点，增强了模型事故分析适应的能力，同时能够依据贝叶斯网络概率的推理算法，当接受新信息后会同步更新网络中的概率信息[25]。

选择贝叶斯网络作为管廊运维安全风险评估建模方法，主要基于以下特点：

（1）贝叶斯网络可以以图形的表现形式描述风险因素间的相互关系，具有网络结构可视化、解释性好、建模便捷等优点。

（2）贝叶斯网络模型结构可以反映出风险因素间的因果关系，以此为基础对样本数据集进行学习和推理。

（3）贝叶斯网络还可以运用概率论的知识进行定量计算，使评估结果更加科学准确。

（4）管廊运维安全风险具有极强的不确定性，贝叶斯网络在表达和推理不确定性复杂知识方面具有很强的优势，该方法在管廊运维安全风险评估中具有很强的适用性[25]。

贝叶斯网络模型分析方法对表示变量的随机不确定性和相关性有一定的优势。但贝叶斯网络模型的构建是贝叶斯网络分析中的难点，而运用事故树转化法构建贝叶斯网络模型可以解决这一难题。

在已经建立的风险评价指标体系的基础上，依据因果关系转换为贝叶斯网络结构，子节点与父节点间的依赖关系可以定性为一种因果关系，因此按照因果关系构建的贝叶斯网络实际上可以看作是各变量节点形成的复杂的因果关系网图[26]。其次，通过调查问卷方法，以管廊领域专家为调研对象，根据调查问卷填写情况统计调查结果。在数据分析计算的基础上得出各风险因素发生的概率等级分布，并根据贝叶斯网络节点链式的传递原则计算得出其余各节点的概率等级分布；最后，基于计算结果进行管廊运维安全风险评估分析，明确管廊运维安全风险等级，从而找出安全风险事件发生时的关键路径与关键风险因素。基于贝叶斯网络的风险评价分析过程如图 7.12 所示。

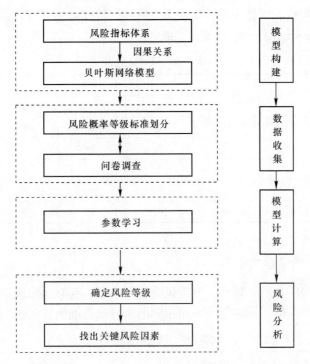

图 7.12 基于贝叶斯网络的风险评价分析过程

7.4.1 管廊运维安全风险状态分级

7.4.1.1 风险分级规则

对管廊运维安全风险进行判断需综合风险发生概率和后果严重程度。风险发生概率按定量或定性标准判别（见表 5.2），其后果等级按严重程度进行判别，均可分为五级，如表 7.7 所示。

表 7.7 风险因素发生后果等级标准

后果等级	严重程度	分值标准
5	灾难性的	[80, 100]
4	很严重	[60, 80)
3	严重	[40, 60)
2	较大的	[20, 40)
1	轻微的	[0, 20)

根据风险矩阵分析法，横坐标为风险发生后果等级，纵坐标为风险发生概率

等级，构建风险状态评估矩阵，如表 7.8 所示。管廊运维安全风险等级划分为高（high）、中（medium）、低（low）三级。

表 7.8　风险分级表

		后果严重等级				
		5	4	3	2	1
概率等级	5	高	高	高	中	中
	4	高	高	中	中	中
	3	高	中	中	中	低
	2	中	中	中	低	低
	1	中	中	低	低	低

7.4.1.2　风险接受准则

根据管廊特性和所处环境，制定风险接受准则。管廊运维风险管理针对上文风险矩阵确定的风险不同等级，采用不同的风险接受准则，如表 7.9 所示。

表 7.9　风险接受准则

风险等级	风险发生概率	接受准则	管控准则
高	>0.3	不可接受	高度重视并采取有效措施预控和处理，风险监测重点目标
中	[0.1, 0.3]	可接受	需进行风险监测，并采取有效措施处理
低	[0, 0.1)	接受	可采取保守措施，防范风险等级上升

7.4.2　管廊运维安全风险分析过程

步骤 1：风险因素识别与分析。首先，定义、分类管廊项目运维过程中风险因素，其次结合历史数据、专家经验、调查分析等，列出可能的风险因素清单，最后讨论筛选确定主要的风险因素，并借助风险分析方法建立风险指标体系。

步骤 2：构建 BN 结构模型。在步骤 1 中得到的风险指标体系的基础上：

（1）基于因果关系构造贝叶斯网络结构。在实际的应用中，考虑到具体研究问题的情境，直接在专家经验基础上，利用确定的因果关系得到网络结构有时候显得不够严密。针对这种情况，在利用贝叶斯网络方法解决实际问题时，可以分阶段创建贝叶斯网络结构模型，即先根据专家的经验构建初步的网络结构，然后通过收集到的数据对初步建立的网络进行修正[26]。详细的结构确定过程可以用图 7.13 表示。

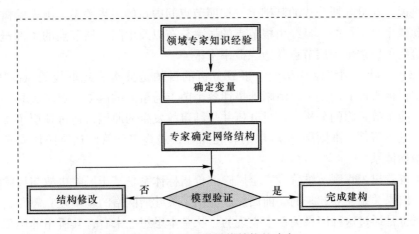

图 7.13 贝叶斯网络结构的确定

对于研究具体的管廊运维阶段的风险评价来说，贝叶斯网络的结构首先是参考普适研究，然后根据具体项目的具体情况，对初步的网络结构进行局部修正[26]，如图 7.14 所示。

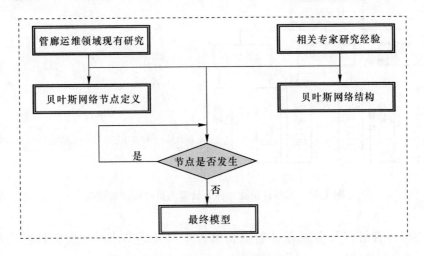

图 7.14 修正的贝叶斯网络结构

贝叶斯网络是在因果关系思想的基础上建立起来的，子节点与父节点之间的依赖关系可以定性为一种因果关系，因此按照因果关系构建的贝叶斯网络实际上可以看作是各变量节点形成的复杂的因果关系网图。确定了风险评价所需要的贝叶斯网络结构，而且通过调查问卷等方式获取到网络参数，接下来就可以实现整个网络概率的推理计算。即可根据父节点的条件概率推知此子节点的发生概率。

也就是说，在贝叶斯公式的基础上，按照节点间内在的因果关系，由先验概率求解后验概率是可行的，最终由根节点的概率分布以及中间各层节点的条件概率分布，最终可以求出顶层节点的边缘概率水平[26]。

（2）贝叶斯网络结构构建。事故分析的目的是分析引起事故的风险因素，在确定目标事件的前提下，清晰地描述各个节点与事故的因果、逻辑关系，完成对于风险事故致因的分析。通过分析并总结事故发生的原因，通过顶层事件→目标层，基本事件→准则层/指标层的转化路径，最终得到管廊运维阶段安全风险评价指标体系。

不难看出，管廊运维阶段安全风险评价指标体系是基于风险事故与风险致因之间的因果关系建立起来的。前面已经介绍了贝叶斯网络的基本建立思路，其层次关系也是通过这种因果关系来表现的。从基本思想上来看，其所用的施工风险指标体系是在施工事故与事故致因之间因果关系的基础之上形成的 RBS 结构，而贝叶斯网络是依据节点间的因果关系建立的，二者在构建的基本思路上是相同的，如图 7.15 所示。

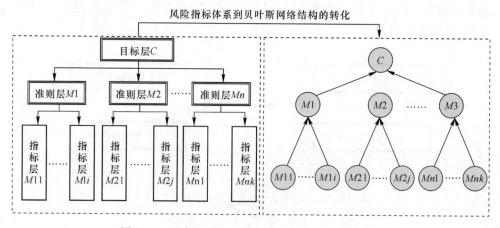

图 7.15　风险评价指标体系转变为贝叶斯网络结构

参考现有研究及专家意见删除和整合不必要的节点，并借助贝叶斯软件 GeNle 建立网络结构，如图 7.16 所示。

步骤 3：参数学习。由专家组定义每个因素的状态，顶层事件——城市地下综合管廊运维安全风险有发生（Y）和不发生（N）两种状态，有 4 个直接致因，即 C_1（人为因素）、C_2（物的因素）、C_3（管理因素）和 C_4 环境因素。各节点都有高（high），中（medium），低（low）三种状态，将初始状态概率赋值为 1/3。借助专家知识及历史经验给出父节点的初始概率及各层节点间的连接概率，得到反应节点间依赖关系的条件概率表（conditional probability table，CPT）。依据 noisy-or-gate 模型进而计算得到表示变量间的数字逻辑转化的整体风险因素网络

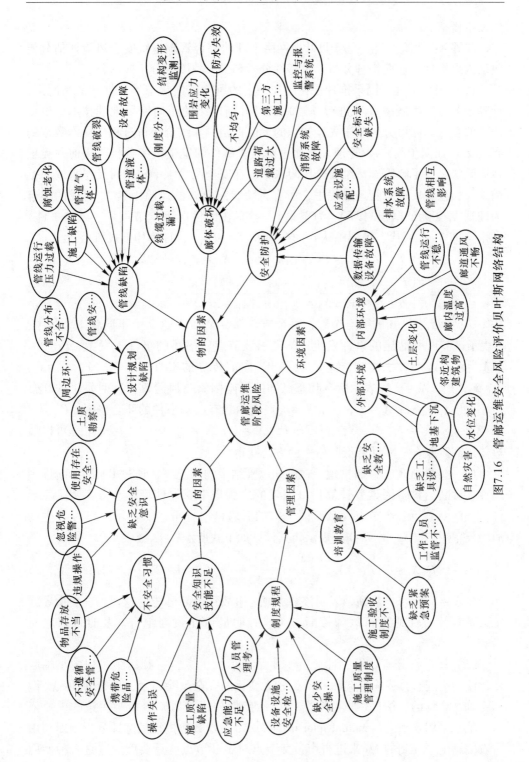

图7.16 管廊运维安全风险评价贝叶斯网络结构

的发生概率。

步骤 4：风险推理。基于贝叶斯网络推理的综合管廊运维安全风险评估分析包括因果推理、逆向推理分析、敏感性分析和最大致因链分析四部分。

（1）因果推理。因果推理是在已知一定的风险因素状态（证据）的情况下，计算子节点发生概率（即进行预测）的贝叶斯网络的正向因果推理技术。根据证据的有无具体可分为基于先验知识的无证据预测和结合运行过程中样本数据的有（多）证据预测[27]。管理人员通过对风险事件的发生概率分析，提前预测项目风险状况，了解管廊运维安全风险水平，在安全风险水平较高时及早采取防范措施。如在管廊运维管理过程中，所有风险状态已知的风险因素 X_i 组成的集合为证据 X_C（无证据预测即 X_C 为空集），考察在此情况下叶节点 T（风险事件）发生（即 $T=Y$ 的状态得到确认）的概率 $P(T=Y/X_C)$，计算如下式所示：

$$P(T=Y/X_C) = P(T/Y|X_1=x_1,\ X_2=x_2,\ \cdots,\ X_n=x_n)$$
$$= \frac{P(T=Y,\ X_1=x_1,\ X_2=x_2,\ \cdots,\ X_n=x_n)}{P(X_1=x_1,\ X_2=x_2,\ \cdots,\ X_n=x_n)} \tag{7-1}$$

式中，n 为状态已知的节点个数，每个节点都有 Y 和 N 这 2 个不同状态，其中，Y 表示该节点所描述的事件发生；N 表示该节点所描述的事件不发生。$P(T=Y|X_1=x_1,\ X_2=x_2,\ \cdots,\ X_n=x_n)$ 表示 BN 向前传导的 CPT；$P(T=Y,\ X_1=x_1,\ X_2=x_2,\ \cdots,\ X_n=x_n)$ 表示所有状态已知的风险因素与风险事件同时发生的联合概率；$P(X_1=x_1,\ X_2=x_2,\ \cdots,\ X_n=x_n)$ 表示状态已知事件的联合概率。$P(T=Y,\ X_1=x_1,\ X_2=x_2,\ \cdots,\ X_n=x_n)$ 和 $P(X_1=x_1,\ X_2=x_2,\ \cdots,\ X_n=x_n)$ 都可以通过使用高阶联合概率计算低阶概率的方法获得[27]。

（2）诊断推理。诊断推理是在已知风险结果的情况下，通过 BN 的诊断推理运算，诊断出致险因素并计算出该因素的后验概率。如计算叶节点 T（风险事件）发生状态下各个节点（致险因子）的后验概率分布，第 i 个节点 X_i 发生的后验概率用 $P(X_i=Y|T=Y)$ 表示，其计算如下式所示：

$$P(X_i=Y|T=Y) = \frac{P(X_i=Y|T=Y)}{P(T=Y)} \quad (i=1,\ 2,\ \cdots,\ n) \tag{7-2}$$

$P(X_i=Y|T=Y)$ 越高，表明该节点成为事故致因的可能性越大，进而指导施工人员有针对性地进行故障诊断，快速查明最可能致因组合，及时采取应对措施。

（3）敏感性分析。敏感性分析主要是为了找出综合管廊运维过程中小幅度变化便会引起整体安全风险水平产生较大变化的安全风险因素，也为管理人员做出正确、合理的决策提供重要依据[27]。敏感性分析是风险分析与决策的重要依据，笔者采用互信息（mutual infor mation，MI）指数法进行敏感性分析，即利用香农信息论中提到的 MI 来进行衡量父节点对于叶节点的重要度。这是一种使用最为广泛地用来测量信息来源重要程度的方法，同时也是一种全局敏感性分析方法，评估单个输入的敏感性时考虑了其他输入的影响。MI 是 2 个随机变量统计相关性的测度。2 个随机变量 X 和 Y 之间的 MI 为：

$$H(X, Y) = \sum_{y \in Y} \sum_{x \in X} p(x, y) \log_2 \frac{p(x, y)}{p(x)p(y)} \tag{7-3}$$

式中，$p(x, y)$ 为 X 和 Y 的联合概率分布函数；$p(x)$ 与 $p(y)$ 分别为 X 和 Y 的边缘概率分布函数。

（4）最大致因链分析。贝叶斯网络的最大致因链分析主要用来判断风险因素间的影响和依赖程度，目的在于找出导致结果发生的最可能途径[25]。在贝叶斯网络逆向推理的基础上，在软件中调用"Strength of Influence"工具，可以得到综合管廊运维风险最大致因链分析结果。

在分析城市地下综合管廊运维阶段有关的安全风险时，可以使用 BN 进行诊断推理和因果推理，以推断发生安全风险的概率以及安全风险发生的主要原因。基于构建的贝叶斯网络模型和参数学习结果，得到了一般情况下管廊运维风险水平和各风险因素指标在高、中和低三个状态下的概率分布。本节将依据贝叶斯网络推理功能，进一步对管廊运维安全风险因素进行深入的挖掘和评估，根据评估结果，可以更有针对性地提出风险控制建议。

步骤 5：风险控制。根据风险评估的结果明确城市地下综合管廊运维阶段安全风险现状，结合风险诊断的结果确定导致项目风险的关键风险因素，采取具体措施进行预防控制[27]。

7.5　城市地下综合管廊运维安全风险管控措施

管廊建设造价高，因此 PPP 模式是我国各地区管廊建设普遍采用的融资方式。就管廊的后期运营维护阶段，相对于政府而言，利用社会资本可以更好地利用资源、降低成本来实现建设目标。政府部门的主要职能是指导管廊项目公司或管廊业主委员会，组建专业化管廊运营管理公司或公开招标选择运营维护管理单位来承担管廊的运营维护工作。运维管理公司主要职责是承担廊内管线、设施、设备的正常运行和日常维护工作，与给水、电力和通信等入廊管线单位签订协议，准许管线入廊，保证正常运行，并收取入廊费和物业管理费。城市管廊运维公司和入廊管线单位的职责划分如图 7.17 所示。

项目公司在对管廊主体以及附属设施的管理上，应进行定期的巡视，配备专业的技术人员和监测设备，建立一套完善的运维管理制度和维修制度等以提高运维管理效率。此外，项目运维管理公司还必须统一协调和管理入廊的不同管线单位，以明确两者间的责任、权利与义务，并通过协商制定运维管理办法来确保不同管线之间以及管线与管廊的正常运行。因此，本书通过查阅国家和地方标准规

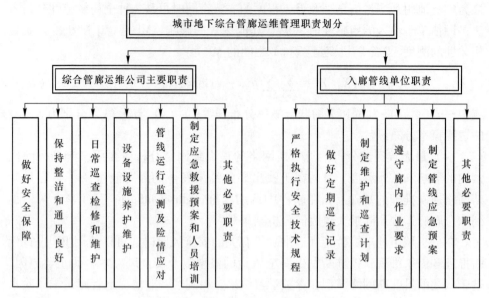

图 7.17　城市地下综合管廊运维管理职责划分

范从运行管理、作业管理、维护管理、安全管理和应急管理 5 个方面提出以下管理措施。

7.5.1　管廊运维阶段安全事故控制措施

7.5.1.1　火灾风险控制措施

管廊运维过程中潜在发生火灾的舱室多为运输能源的电力舱、综合舱、燃气舱等，且其他舱室的设备设施也会存在火灾风险隐患。根据管廊主体设施与环境特性，火灾风险控制措施主要可以从危险源控制、监控报警与预警和管廊自身防火三个方面考虑。

（1）危险源控制。管廊运维过程中火灾风险控制的重要环节是切断危险源，从源头控制起火发生。管廊燃气舱、电力舱、综合舱、污水舱内均存在可燃物，因此需要对各舱室内的可燃物及其燃烧条件进行深入分析，了解其燃烧特性，达到从根源上切断燃烧条件，实现阻燃的目的。具体措施包括：严格控制综合管廊内的火荷载密度，对电力电缆、管道外保温等可燃材料等级进行分类并对其可燃性进行严格检查控制；严格监控燃气舱、污水舱等舱室内的可燃气体浓度，当可燃气体浓度超过预警阈值时，必须采取通风措施，降低起火条件；加强对管廊运维人员的管理和培训，严格控制管廊内部动火制度等。管廊运维过程中，需要对存在火灾风险的各类管线进行定期巡检，巡检频次应符合相关规范的规定[25]。

（2）监控预警与报警。自动火灾探测和报警系统是控制廊内火灾风险的重要措施，能够监控可能引起火灾发生的早期信号并报警，早期信号包括温度、焦糊味气体、浓烟、可燃气体浓度等。当廊内出现火情或检测出浓烟及焦糊味气体时，便会触发火灾报警，同时联动消防系统设施参与灭火，为管理人员和消防人员提供救援方向。

存在火灾隐患的舱室内必须设有消防自动灭火系统，同时根据管廊可燃物性质进行特定的灭火系统的选择。通过对管廊内部环境的监测，设定火灾预警值，当管廊内部湿度、温度、可燃气体等实时数据达到预警值时，为管理人员提前采取通风换气、管线及设备设施检查等措施提供宝贵时间，降低火灾风险发生概率[25]。

（3）管廊自身防火。火灾发生时，良好的防火设计和防火分区设置能够有效控制火势蔓延。管廊结构耐火极限不应低于2h；廊内固定距离设置防火分区，以及防火门、防火墙、阻火包等防火分隔，每个防火分区内设置直通室外的安全疏散口或逃生口，检查井口也可兼做逃生疏散出口。管廊内的通风系统和排烟系统可以控制火灾和烟气的蔓延，为外部救灾提供基本环境，保障救灾顺利进行。

7.5.1.2 水灾风险控制措施

管廊内潜在水灾风险主要源自因发生暴雨、洪涝等自然灾害时，水倒灌进管廊空间，或地下水位上升浸入廊体结构，或是敷设有水管的舱室内（综合舱、污水舱、能源舱等）发生管道内液体泄漏等。管线泄漏导致的水灾可以从管线监测预警等方面着手控制，暴雨、洪涝等自然灾害导致的水灾非人为可控，只能从监测环境情况和提高管廊自身抗灾能力入手。

（1）管线泄漏控制。含水管道的监测和预警是从源头控制水灾发生的重要环节。通过布置一系列传感器、采集管道及管道内液体压力、流速、流量等数据，应用管网漏损监测预警系统，能够及时侦测水管泄漏情况。借助监测数据，应用先进的人工智能算法对监测数据进行训练学习，预判管网内是否存在泄漏点。若管线内存在泄漏点，通过监测设备及管理系统可以及时判断分析出泄漏点位置，对泄漏点进行精准定位，以便管理人员迅速采取措施，防止泄漏增加及其引起的水灾发生。管廊运维过程中还需对给水、再生水、排水、热力等管道进行定期巡检，巡检频次应符合相关规范规定[25]。

（2）自然灾害控制。管廊位于城市地下，根据综合管廊所在地区的防洪要求，严格控制出入口、吊装口、通风口等距离地面的高度，防止洪水或雨水倒灌进管廊空间，严格监控管廊内积水坑内水位高度，保证排水设施正常运转，严格杜绝积水现象发生。运维管理单位需做好灾害应急预案，当出现极端天气或发生暴雨、洪涝等自然灾害时，及时采取应急措施，一旦发生水灾现象，迅速启动排水系统，将危害降到最低。

7.5.1.3　结构破坏风险控制措施

管廊结构破坏风险控制包括日常监测与检测和日常巡检。

（1）日常监测与检测。采用专业的仪器设备对管廊主体结构进行监测，主要包括对结构缺陷、变形以及内部应力等进行实时监测，以便及时发现结构异常并进行预警。目前管廊结构日常监测以结构变形监测为主，结构沉降竖向位移监测能够准确反映管廊结构的稳定特性和是否存在不均匀沉降情况。变形监测观测点应设在能反映管廊结构变形特征的位置或监测断面上[25]。当监测数据超过预警值时，便会发出警报，同时标识出变形过大部位，提醒管理人员及时采取加固措施，阻止变形继续发生。

管廊主体结构应每 6~10 年进行 1 次全面专业检测，特殊情况下还需要进行全面或单项专业检测，如：1）经多次小规模维修，结构破损或渗漏水等情况反复出现，且影响范围与程度逐步增大时；2）遭受火灾、地震、爆炸等灾害事故后；3）受周边环境影响，管廊结构本体变形监测超出预警值或显示位移速率异常增加时；4）结构改造、用途改变等情况出现时。管廊监测与检测数据应及时处理，达到预警值或变形量出现异常变化时，应及时采取相应措施，以保障管廊结构安全。

（2）日常巡检。巡检对象包括管廊内部结构表面、地面设施、周边环境、供配电室和监控中心等。检查内容包括结构裂缝、损伤、变形和渗漏等，通常通过观察或设备检查判别并发现结构是否存在缺陷与潜在安全风险隐患。日常巡检应结合管廊实际运维情况、外部环境等合理确定巡检方案，巡检频次应符合相关规范规定。在极端异常气候、周边环境复杂、灾害预警等特殊情况下，应增加巡检频次。

7.5.2　管廊运维安全风险管理体系

7.5.2.1　运行管理

（1）管廊运行管理由运行值班、日常巡检、日常监测、出入管理、作业管理、信息管理等部分组成；

（2）运行管理应建立运行值班制度，并公布 24h 值班电话；

（3）日常巡检应符合下列规定：

1）巡检对象包括综合管廊本体、附属设施及入廊管线等；

2）巡检方式采用人工、信息化技术或两者相结合的方式；

3）巡检人员应携带必要装备并穿戴完整的防护装备，并做好可靠的防护措施；

4）做好实时巡检记录，及时分析、报告、处理发现的问题，遇有紧急情况应按规定采取有效措施。

运行管理措施具体包括：

①综合巡检。管廊内管线众多，分布复杂，相关数据信息随时更新，需要不断巡查，确保没有出现设备故障或数据失灵现象。巡检工作需要多管齐下，既要有系统自动监控巡查、数据分析设置，也要有人工复查核对。只有远程监控和人工巡查相结合的综合巡查才能保证管廊的运行质量[28]。

②廊体检修。城市综合管廊是地下工程，阴冷潮湿，管线容易受潮破损。确保每周至少全面巡检一次，在特殊季节更需加强巡检频率。对部分因路段挖掘导致的管廊廊体暴露的部分，应设警示标志和加装围栏，甚至设专人看管，并加快工程进度，确保安全。

③巡检内容。包括管廊是否有地面沉降、渗水等问题；管廊内是否有违章建筑；通风口、逃生通道是否完好；各项警示标识和逃生标识是否完整。

④问题及分级管理。在巡检过程中，对发现的问题进行分类处置。如果是不影响正常运行的小缺陷，则记入小修缺陷薄里，以便管理部门后续将其纳入月度小修计划。如果是较大缺陷，则记入大修缺陷薄里，以便管理部门后续将其纳入年度大修计划。一旦在巡检中发现会引发严重后果的重大缺陷，则须马上报告运维管理中心，填写重要缺陷通知单，尽快维修，确保安全。

⑤管廊内的设备。综合管廊内往往有照明设备、监控设备、火灾消防设备、通风设备、排水设备等多种附属设备。日常巡检时须查看这些设备是否有所遗失或出现故障，一旦发现问题及时解决，确保所有设备能正常工作。

⑥监督控制中心。综合管廊监督控制中心是一个由视频监控系统、环境监控系统、火灾监控系统、语音通信系统、电力系统、安防系统等共同组成的集成自动化平台。必须加强对监督控制中心的日常维护和定期维护，确保这个高度集成的统一监控平台运行良好。

⑦入廊管线。管廊工作人员有责任对廊内的水、电、通信等各种入廊管线进行管理。各管线单位如果需要入廊施工，则需依照相应规定和工作流程办理出入廊及廊内施工等各种手续。例如，各管线单位需要新增、更换管线、更改线路等，必须在组织施工前将施工方案报运营维护管理中心备案，并填写维修记录单，管廊运维公司派遣相应工作人员陪同，确保其他管线公司的管线不受施工影响。

（4）日常监测对象应包含管廊本体、附属设施、廊内环境及入廊管线；

（5）日常监测应符合测量场所的防爆要求，使用防爆型测量仪器，并采取安全可靠的防爆措施；

（6）出入管理应对机具、材料、人员及所携物品实行严格的出入控制和登记。

7.5.2.2　作业管理

（1）出入管廊的人员、机具、材料应符合管廊的出入管理要求；

（2）廊内动火作业或用电作业，应办理相关手续；

（3）应对管廊本体、附属设施、入廊管线等采取保护措施；

（4）应在规定的时间、空间与作业范围内进行作业；

（5）材料堆放、工具放置等不得堵塞日常巡检和人员逃生通道；

（6）作业现场应及时清理干净；

（7）作业完毕后应按相关规定进行验收；

（8）廊内作业还应符合地下有限空间作业的有关规定。

7.5.2.3　维护管理

（1）管廊维护管理包括设施维护、专业检测、大中修及更新改造等；

（2）管廊设施维护应编制维护计划，并对维护工作的发起时间、发起原因、作业过程、质量验收等进行全过程跟踪管理；

（3）设施维护的内容主要包括：

1）周期性的润滑、防腐、紧固、疏通和耗材更换等保养工作；

2）设施缺陷的维修、不达标设备及其元器件的修理或更换；

3）内、外环境及设施设备的清洁、清理、除尘等保洁工作。

（4）应定期组织对管廊本体、附属设施及入廊管线进行专业检测，检测结果及时处理；

（5）发生以下情形时应及时进行专业检测：

1）达到结构设计使用年限或设备使用寿命；

2）经多次小规模维修，同一病害或故障反复出现，且影响范围与程度逐步增大；

3）因自然灾害、环境影响或管线、设备事故等，造成设施较大程度的损害；

4）管廊本体、附属设施及入廊管线需要进行专业检测的其他情况。

（6）大中修及更新改造的实施应符合下列规定：

1）管廊本体超过结构设计使用年限需要延长使用或存在重大病害，经专业检测或鉴定，建议进行大中修的，应实施大中修；

2）管廊附属设施及入廊管线设施存在重大病害或系统性故障，经专业检测或鉴定，确定其运行质量或功能不能满足设计标准或安全运行要求，应实施更新；

3）对入廊管线、设备作周期性的大中修，确保运行正常；

4）管廊附属设施及入廊管线设施达到设计使用年限应实施更新；

5）管廊附属设施及入廊管线设施因技术升级等原因，需改变、增加原有功能或提升主要性能时，可实施改造；

6）大中修及更新改造宜依据工程项目组织实施，涉及前期方案设计、过程质量控制和测试验收等工作内容。

（7）管廊维护信息管理系统（见图7.18）宜对维护全过程信息进行采集、整理、统计和分析。

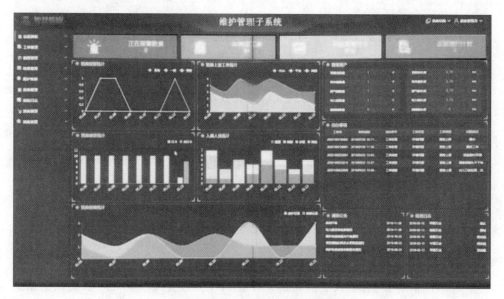

图7.18 管廊维护信息管理系统

具体包括：

1）人员安排。管廊监控中心必须24h有人值守，采取三班倒的方式轮流监控，每班人员做好交接班记录；

2）监控系统操作。值守人员随时关注监控系统中是否出现异常情况，确保各项设备安全正常运行。如果管廊内发生了火灾、严重渍水、不明物入侵等情况要及时上报，快速处置；

3）运营维护管理记录。值守人员要按照规定全面、及时、准确地做好各项记录，包括监控记录、故障记录、运营数据记录等。一旦需要查看监控记录，能迅速提供；

4）数据备份工作。监控系统内的重要运行记录和相关数据要做好及时备份工作。既要有系统自动备份设置，又要有人工备份，确保万无一失。

7.5.2.4　安全管理

（1）应组织建立安全管理机构，保证人员配备，做好保障措施，健全完善各项安全管理制度，切实贯彻安全生产岗位责任制，有效增强作业人员安全生产的教育和培训力度；

（2）应建立管廊安全防范和隐患排查治理制度，在运行维护的各个环节实行全方位安全管理；

（3）管廊安全检查应结合日常巡检定期进行，发现安全隐患及时进行妥善处理；

（4）进出入人员的安全管理应符合下列规定：先检测，再通风，安全确认后方可进入；未经许可不得擅自进入；入廊人员应配备必要的防护装备；出入人员应经过安全培训；有应急预案，现场配备应急装备；禁止单独进入管廊；

（5）管廊作业安全管理应符合下列规定：

1）廊内应具备作业所需的通风、照明条件，并持续保持作业环境安全；

2）作业人员应根据作业类型及环境，正确穿戴防护装备，配备必要的防护和应急用品等；

3）依据消防、用电、高空作业等相关规定做好作业现场安全管理，并保持与监控中心的联络畅通；

4）现场应按规定设置警示标志；

5）作业期间应有专人进行监护，作业面较大、交叉作业时应增设安全监护人员；

6）交叉作业应避免互相伤害；

7）特种作业应按有关规定采取相应防护措施。

（6）管廊日常消防安全管理应符合下列规定：

1）管廊内禁止吸烟；

2）除作业必需外，廊内严禁携带、存放易燃易爆和危险化学品；

3）逃生通道及安全出口应保持畅通。

（7）管廊信息存储、交换、传输及信息服务的安全管理应符合下列规定：《信息安全技术　信息系统安全等级保护基本要求》（GB/T 22239）、《城市综合地下管线信息系统技术规范》（CJJ/T 269）、《计算机信息系统安全专用产品分类原则》等有关规定；

（8）在符合《城镇综合管廊监控与报警技术标准》（GB/T 51274）的有关规定的基础上对管廊安全防范系统运行进行维护，且系统运行功能应与管廊安全管理需求相适应，并根据安全管理环境变化调整运行参数和优化系统。

7.5.2.5 应急管理

(1) 应结合管廊所属区域、入廊管线情况、结构形式、内外部工程建设影响等情况，考虑到可能影响管廊运行安全的危险源，从而进行调查和风险评估工作。

(2) 应依据国家相关法律法规、技术标准及综合管廊本体、附属设施、入廊管线的运行特点，建立应急管理体系。

(3) 应建立包含运营管理单位、入廊管线单位和相关行政主管单位相协同的安全管理与应急处置联动机制。

(4) 管廊运行维护及安全管理相关单位应充分考虑到以下可能发生的事故：管线事故；人为破坏；火灾事故；洪水倒灌；廊内人员中毒、触电等事故；对管廊产生较大影响的地质灾害或地震；以及其他事故等制定相关应急预案。

(5) 应急预案编制应符合现行国家标准《生产经营单位生产安全事故应急预案编制导则》（GB/T 29639）的规定。

(6) 宜基于信息技术、人工智能建立包含预警、响应、预案管理等的智能化应急管理系统。

(7) 应定期组织预案的培训和演练，每年不少于 1 次，应急演练宜由综合管廊运营管理牵头单位组织；应定期开展预案的修订，一般 1 年修订 1 次，并应根据管线入廊情况和周边环境变化等需要进行不定期修订、完善。

(8) 应建立完善的应急保障机制，确保包括通信与信息保障、应急队伍保障、物资装备保障及其他各项保障到位。

(9) 管廊运行维护及安全管理过程中遇紧急情况时，应立即启动应急响应程序，及时处置；应急处置结束后，按应急预案做好秩序恢复、损害评估等善后工作。

通过文献分析和专家调查确定城市地下综合管廊运维的主要事故为火灾/爆炸、水灾和结构损坏，运用事故树进行危险因素辨识，借由系统论结合实际情况，对于同类型的相似风险源进行合并，在单个事故中将影响因素分为"人、机械、管理、环境"四类并依此建立起三级风险评价指标。将事故树模型转换成贝叶斯网络结构，通过专家知识进行参数学习，以火灾/爆炸为例，基于贝叶斯网络的推理能力通过逆向推理分析、敏感性分析和最大致因链分析，可找出影响管廊运维安全风险的关键风险因素、敏感性因素和最大致因链。基于以上分析提出管廊运维阶段安全管理办法。

8 基于 BIM 的城市地下综合管廊
安全风险管理信息化建设

8.1 BIM 技术在综合管廊建设各阶段的应用

　　建筑产品是建筑工程物质资料和生产资料的产物，不同建筑产品信息特点和建设过程的差异性，造就了其独一无二的特点。同时产品参数信息的多样性和生命周期的变化也带来了建筑产品的不可重复性，两者致使建筑业难以实现信息集成管理[29]。Autodesk 公司在 2002 年率先提出 BIM(Building Information Modeling)技术，实现建设工程信息集成化管理，为建筑工程项目利益相关方提供一个工程信息交换和共享的平台。

　　BIM 的核心思想是在统一的工程总目标前提下，依据建设项目的全生命周期，从前期策划阶段开始，包括可行性研究、合同信息等在内的建设项目信息，并一直持续到建筑产品后期的运行使用阶段巡检、监测等信息，都集中在 BIM 管理平台中。项目的各参与方都可以在统一的平台中，在统一标准和规则下，借助工作界面进行工程相关信息的录入、修改与提取。每一阶段信息的更新都会反映在模型中，各相关方可以及时获取，减少各个阶段之间沟通过程中因时效、程序、标准等出现信息传递错误的可能，有效实现信息和数据的无缝衔接和自由流动[30]。除此之外，BIM 模型中包含的工程信息还可以模拟建筑物在真实世界中的状态和变化，使得建筑物在建成之前，相关利益方就能对整个工程项目可能出现的风险事件做出完整的分析和评估。BIM 技术具备的可视化、信息化、全生命周期性三个核心特点，能够提高管廊项目在建设运营过程中的工程质量、管理效率，并且可以有效规避风险控制成本。基于 BIM 的城市地下综合管廊实施总体流程如图 8.1 所示。

8.1.1 BIM 在管廊规划中的应用

　　管廊规划平台结合了 BIM 技术和 GIS 技术，将城市地理信息、土层信息、物探资料、市政管线信息、周边环境信息等扫描整合到三维可视的 BIM 模型载体中，在城市规划过程中，将 BIM 技术融入 GIS 平台可实现现阶段规划过程中难以达到的多维度仿真应用的效果[30]。目前 BIM 技术在规划阶段的应用研究主要集中在城乡规划微环境模拟与评估方面，涵盖了如公共服务设施辐射半径、居住舒适度、通视效果分析、交通便捷程度及覆盖率等在内的诸多领域，以提升城市规划的科学性与合理性。

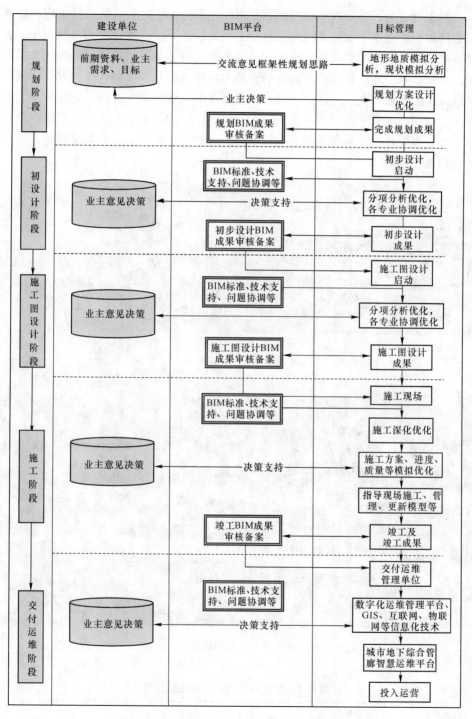

图 8.1　城市地下综合管廊 BIM 实施总体流程

对于城市地下综合管廊项目而言，BIM 可视化和信息集成的特性可以将原本复杂抽象的地上地下市政管线及其他相关基础信息完整地整合在 BIM 模型中，直观地观察到各管线间的关系、地表建筑的位置、轨道交通的规划等，如图 8.2 所示。在此基础上进行管廊的线路规划，最大化提升管廊的使用效率，建立合理且高性价比的规划方案。此外，还可在已有合理的规划方案上进行优化模拟和方案比选，统一的规划平台可以提供给各个市政管线方综合讨论各自未来的线路规划，实现多规合一，并强化各部门之间的协作和沟通[30]。BIM 在管廊规划阶段的应用见表 8.1。

图 8.2 管廊 BIM 模型

表 8.1 BIM 在管廊规划阶段的应用

实施阶段	应用项	说明
规划阶段	规划资料管理	对管廊规划阶段相关资料进行录入、管理、分析，并输出结果

实施阶段	应用项	说明
规划阶段	项目场址比选	利用前期勘察收集的地理信息资料建立环境模型,使相关决策方对项目选址区域现状有全面一致的掌握
	概念模型构建	模型包含 GIS 地图、管廊模型、地下管线、土层地质、轨道交通及自然地貌等信息
	建设条件分析与优化	利用 BIM 相关工具,结合各方面因素对规划方案进行分析与优化,综合得出符合指标要求的最优方案及规划模型,辅助输出相关 BIM 成果

8.1.2 BIM 在管廊设计中的应用

BIM 技术在城市综合管廊设计阶段的应用,可以进行以下工作:利用 BIM 的 3D 技术进行碰撞检查,从而优化工程设计,减少因为设计不合理而在施工阶段可能存在的错误损失和返工的可能性,为后期的顺畅使用打下基础,同时避免传统的二维图纸信息传递效率低,在交接过程中出现问题。BIM 在设计阶段的主要应用有:BIM 建模、设计校核、管线综合、节点优化、空间优化、工程量统计、高效出图、虚拟展示等。BIM 在管廊设计阶段的具体应用见表 8.2。

表 8.2 BIM 在管廊设计阶段的应用

实施阶段	应用项	说明
设计阶段	BIM 建模	BIM 模型是 BIM 协同设计的主要成果之一,BIM 模型应符合建模标准等规定要求
	设计审核	通过 BIM 可视化设计,可以高效发现各类设计上的漏洞,包括设计不合理、不符合相关规范、设计缺乏匹配度等问题
	管线综合	协调优化管廊内各专业管线,合理布置以解决和避免运行使用期间管线之间相互干扰和作用,明确安全距离
	节点优化	对管廊节点进行专项优化,包括结构干涉,附属设施布置等问题
	空间优化	根据优化模型对各区域的空间进行检测
	工程量统计	通过 BIM 模型输出各专业工程量清单
	高效出图	各项优化工作完成后,通过 BIM 模型输出包括预留洞图、管线布置图、管线综合断面图、节点剖面图、节点三维图、支架吊架安装定位图,将三维管道布置信息完整反映在图样当中以指导现场施工
	虚拟展示	在项目施工完成前期,向各方形象展示设计成果,使各方更高效、准确地理解和掌握设计图,提高沟通、决策的效率和准确性

其中：

（1）初步设计。BIM 技术下的设计过程是以三维模型为基础的。BIM 技术的可视化设计不仅是设计成果外观的可视化，更是设计信息的可视化。以结构专业为例，不同于传统 CAD 的二维设计技术下绘制的只是由点、线、面构成的封闭图形，BIM 模型是以实际构件的三维模型为设计基础，每一个构件在体现实际的外观信息的同时，携带可直接读取的与构件本身相关的材料、进度、成本等信息[34]。

（2）二次设计。

1）设计分析。在 BIM 技术出现之后，设计分析工作就以 BIM 技术平台开展，利用标准的数据格式，以实现设计模型与模拟模型的统一[31]，例如，Revit 构建的模型可以导入 PKPM 进行具体各项性能的分析。设计结果还可以在软件中模拟展示，可以让大家更直观地了解，因此通过使用 BIM 技术可以大幅提高设计工作的效率。

2）冲突检测。BIM 平台具有冲突与干涉侦测功能，根据各专业内部的排布规则、不同专业相互间的排布规则，以及与管廊结构内管线的间距要求、检修空间等，在 BIM 模型中具体规划出管线水平、垂直方向的分布。设计人员可利用冲突规则在检测平台上进行检测，检测完成之后根据检查结果重新调整设计方案，能够有效地为设计方、业主、施工方节省大量的经济成本[31]。

3）施工图出图。BIM 技术下展示的最直接的结果是三维模型，设计方只需对三维模型设置不同剖面，软件即可呈现出不同剖面的具体情况。在经过上述设计分析和冲突检查之后，如果想进行修改，只需要对设计模型进行调整，施工平面图可以自动更新设计修改信息，不必进行二次出图修改，大幅提升设计修改的效率[31]。

8.1.3　BIM 在管廊施工中的应用

BIM 技术在管廊施工过程中的最大运用就是通过运用施工模拟特性，对管廊施工的"预演"。在模拟过程中发现设计的不足及施工技术难点，其优越性主要体现在工程施工准备、工程施工目标控制、工程施工技术控制[32]。具体实施流程如图 8.3 所示。

在具体工程项目实施过程中，通过建立 BIM 技术应用小组，组织协调参与施工各方人员，根据项目的重难点和项目机构的 BIM 应用水平综合建立施工 BIM 应用目标。BIM 技术在管廊施工阶段的应用如表 8.3 所示。

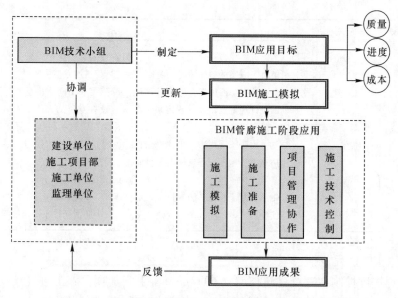

图 8.3　管廊施工过程 BIM 应用框架

表 8.3　BIM 在管廊施工阶段的应用

实施阶段	应用项	说　　明
施工阶段	管廊施工准备	场地布置：通过使用 BIM 技术让施工现场的布置更为合理，同时也可以灵活调整施工活动顺序及人员安排； 施工资源配置
	管廊施工目标控制	进度控制；质量控制；成本控制
	管廊项目管理协作	基于 BIM 模型云协同平台，将 BIM 三维模型与建设工艺流程、施工进度计划、施工模拟信息绑定，做到信息化、可视化、标准化。施工现场人员可采用接入平台数据库的 APP 在 BIM 模型上的记录、监督、反馈机制实现施工过程的痕迹化管理。施工人员在现场可以通过照片、视频、文字等形式及时更新、反映施工现场实际情况与建设计划、建设模型的偏差，技术人员可以直接通过 PC 端、手机端平台进行分析，制定相应优化措施，及时整改现场问题，做到对项目施工进度的实时管控并自动量化任务和资源。建设单位、施工项目部、施工单位、监理单位等多个与施工有关的单位都可以整合在该平台上，打破传统点对点的沟通形式，以中心对点的形式进行沟通，降低信息流通成本，便于解决施工中产生的问题

续表 8.3

实施阶段	应用项	说　　明
	管廊工程施工技术控制	入廊方案模拟：通过 BIM 技术模拟管线入廊及整个安装过程，更加了解施工方案的整体情况，使整个施工过程更加方便快捷； 复杂节点工序模拟：综合管廊设计规范要求不同于传统地下管线工程的设计规范要求，其规定每个舱室应设有专门的人员出入口、逃生口、进风口、排风口、管线出入口、检修口、材料吊装口等多种复杂结构。由于管廊周边环境的复杂性，可通过 BIM 技术模拟，根据口部周边地上、地下工程条件因地制宜进行调整； 基坑支护； 钢筋混凝土施工：施工技术人员可运用 BIM 模型与现场绑扎钢筋进行实物对比，避免复杂节点处出现漏筋、少筋钢筋排布错误等问题

具体实施过程包括：

（1）进度控制在三维建筑模型（3D）的基础上附加项目施工进度计划信息，通过将三维模型构件与进度计划的施工内容根据工作分解结构（WBS）进行对应搭接，使原本静态的三维模型有了时间尺度上的变化，实现施工计划模拟进而支持进度的优化与控制[31]。

（2）工程质量管理。

1）碰撞检查和深化设计图纸。通过在 BIM 软件上建立模型，将设计图纸进行全面三维模拟，及时发现设计中存在的漏洞，并且可以在施工前模拟出项目的全部状态，做到及时发现问题并针对问题进行修改，避免造成巨大的建设投资浪费。目前，BIM 技术在三维碰撞检测应用中已经相当成熟，在设计建模阶段能够直观准确地检查出各种冲突和碰撞。

2）施工工序的管理。工序构成了完整的施工过程，因此工序的质量决定了整个施工项目的最终质量。工序质量控制主要由工序活动投入质量和工序活动效果质量两部分构成，也就是对分项工程质量的控制。基于 BIM 技术的工序质量控制的主要工作是利用 BIM 技术确定工序质量控制工作计划、主动控制工序活动条件的质量、实时监测工序活动效果的质量、设置工序管理点来保证分项工程的质量。BIM 技术能够激发传统技术领域尚未挖掘的能量，更加充分、有效地用于施工阶段质量管理服务[31]。在 BIM 提供的平台下，项目各参与方根据自身要求对质量控制点进行监控，为项目各参建方的质量控制提供了便利。

（3）工程成本管理。BIM 技术的应用，使高造价管廊工程成本得到有效的控制。它从以下几方面来实现成本的控制：1）传统的施工成本管理成本核算不准确，BIM 计算大大地提高了工程量计算的准确性，进而提高了设计阶段的成本控制能力；2）利用 BIM 技术可根据工程的施工进度、市场变化等其他各种因素来实现项目的事实成本控制更新，克服了传统成本管理无法实现精细化管理的缺点；3）BIM 软件可以储存项目全生命周期的数据资料，解决了无法及时获取成本数据的难题，工程项目人员通过这些数据资料可以更加合理地安排资源计划，实现了施工成本管理系统的作用。因此，基于 BIM 技术的施工成本管理，能够快速实行多维度成本分析，实现对成本的动态控制，具有快速、精确、分析能力强等众多优势。

8.1.4　BIM 在管廊运维中的应用

为解决现阶段管廊在后期运维阶段存在的管理效率低、协调难度大等问题，借助"BIM+"技术在管廊运维阶段的应用，提出以 BIM 技术为核心的管廊运维管理系统。集成 BIM 技术理念与物联网、GIS 等互联网技术，将管廊项目的规划、设计、施工和运营维护阶段的信息整合，融入到 BIM 技术平台。同时，将主体设施消防系统、监控系统、指挥系统等工作系统端口嵌入管理平台，在解决工程中设备控制等问题的同时，能够真正实现在管廊全生命周期建设信息共享的目标，实时将管廊内部信息转化为数据反馈到用户平台，为管廊监测预警和运营决策提供可靠的支撑与依据[32]。BIM 在管廊运维阶段的应用如表 8.4 所示。

表 8.4　BIM 在管廊运维阶段的应用

实施阶段	应用项	说明
运维阶段	BIM3D 模型浏览	利用 BIM 技术结合 GIS 技术开发的可视化管理，操作维护工程师可以直观地看到管廊的内部情况，其中管线的位置分布便于工程师对于管线的定位和管理
	监测预警	通过安装在管廊内部的物联网技术传感器，生成动态的管线运行数据，与 BIM 信息模型相结合，对廊内各个部位进行实时监控
	应急处置	结合云计算技术，将平台数据和业务转移到云中，并与相关责任人员的手机终端进行连接，例如，当管道发生异常时，可以将信息第一时间送达具体责任人，查看运行异常的管道建筑模型及周围信息，并及时采取措施[32]
	设备能耗管理	通过传感器、探测器等测量信息与 BIM 模型构件相关联，将收集到的管线动态数据处理并分析传回到管廊运维中心，能够更加精准定位管线运行数据异常的区域，及时对设备进行养护更换[32]

BIM 技术在运维阶段运用的核心就是数据的采集-分析-运用。运维管理平台根据入廊管线的铺设路径、管线用途、性质、使用单位等属性，对管线进行统一编码，并运用颜色和危险度系数等原则进行分类，建立统一的管线 BIM 模型数据

库。数据库中应包含信息有：管线的位置、管线相应的物理参数、功能参数、相应的配套监测设施参数以及监控监视设备、传感器、GIS 地理信息系统等收集的信息等。管廊运维管理系统数据库核心内容如表 8.5 所示。

表 8.5　管廊运维安全管理系统数据

数据分类	具体信息
建筑参数	包括管廊的建筑模型、结构模型、尺寸、容纳空间、细部构造、监控监测配套设施的具体位置、安全进出口、周围环境等
位置参数	包括内部管线的起点、接口、终点、所属单位及周围环境、路径缩略图等
产品参数	包括管线和相应配套设施的型号、尺寸、材质、构造、生产厂家、使用年限等
功能参数	包括管线的用途如电网、消防、给排水、热力及相应的正常工作时的安全系数；监控监测设备的功能和安全性等
管理参数	包括管线的管理单位、管理和维修人员姓名、维修日期、维修明细；安全预警模拟方案；监控监测等配套设施的管理明细等[33]

8.2　管廊安全风险管理信息化平台设计

作为现代化城市的大动脉和神经的地下综合管廊，集中承载着城市主要的物质、能源及信息的输送工作。其主体设施、环境及功能的特性，让管廊的安全与城市和人民的安全紧密相关。管廊是城市外边看不见的"里子工程"，只有"里子"建设好了，城市才真正有"面子"。当前，我国管廊建设已经从城市试点建设转向全国大规模推广，早前管廊建设过程信息化应用水平较低，不能给后期管廊信息化工作的开展带来较多的可借鉴经验，因此，现在管廊建设仍面临以下问题：

（1）管廊建设过程管理信息化程度低，不同阶段不同参与方数据共享难度高。智慧管廊的建设理念源于智慧城市概念，在先前智慧城市建设过程中，城市各资源运输管理单位对天然气、水力、通信等运输设施体系开展了数字化、信息化系统构建工作，但各单位都是各自独立推进并未考量不同管线之间的信息和数据的协同性。管廊的出现让不同管线统一管理成为必然，但由于各类管线数据分属不同致使信息独立和闭塞，管理过程中管线单位各自为政的现象普遍存在。同时管线数据更新的周期长致使数据的精度和实时性无法保证。因此，以上数据共享程度低、重复管理、协调性差等问题不利于管廊信息化管理工作的开展。

（2）管线问题频发且监管部门应急水平低。城市对市政管线的需求量伴随着城市规模的不断扩大以及公用基础设施的网络化发展而不断增长。同时，地下管线涉及水、电、气等能量资源易引发施工路段塌陷、城市内涝、水管爆裂、燃气爆炸等突发的安全问题,对城市居民的生命财产安全构成了重大威胁。作为集成的管线综合设施,管线的问题就是管廊的问题。因此需要监管机构提高分析和解决内部网络问题的能力,及时介入紧急情况,有效应对各种危险情形。

(3)廊体内设施资源配置有待优化。各系统间独立运行维护,并未实现信息交互和联动分析,管廊内部管线综合管理是优化地下管线资源配置的根本保证,也是管廊信息化服务平台的优先目标。但是,当前各管线由其所属单位或运营单位开发的信息化系统进行独立管理,与此同时,切合管廊管理特点的相关法律和法规体系不够完善,相关政府部门缺乏有效的依据来协调进行综合监控和分析。基于以上现状,对管廊内物质运输网络的全面集成缺乏控制,因此现阶段难以获得最佳配置方案以分配地下管线资源。

由以上分析可知,实现管廊信息化管理是保障管廊安全运行的重要基础也是管廊发展的必然趋势。因此,为实现廊内管线数据信息共享,加强城市地下综合管廊建设全过程管理工作,提高管廊的服务水平,需建立适用于城市地下综合管廊的信息化管理平台。

8.2.1 信息化平台构建需求分析

城市给排水、电力、热力、燃气、通信等生活必需资源的供给状况取决于它的运行状态,因此构建信息化的管廊管理平台对管廊主体结构、廊内空间环境和运行状况进行实时动态管理显得尤为重要。采用前文提及的 BIM、物联网、GIS、巡检机器人和云计算等技术,构建适应管廊管理模式的统一信息化管理平台,将多个独立的管廊子系统集成,构成管廊管理的中枢神经系统,依靠强大的集成接入能力,覆盖管廊环境、设备、安防、通信、管线监测、火灾报警、本体检测等设备及系统。面向管廊运营管理公司、专业管线单位、政府监管部门,提供标准化、全方位的管廊综合监控、运维管理、应急管理、运营管理方案,实现安全保障、智能控制、高效管理、智慧运维等管理目标。满足管廊实时监控管理、设备设施日常运行维护、风险动态安全预警、事故应急联动等要求[35]。

信息化管理系统能够将管廊监控系统获取的实时动态信息集成到管廊的 BIM 模型之中,并将监控监测信息与管廊环境和设施设备相对应,实现可视化管理。由于城市地下综合管廊内部敷设多个不同专业管线,固态设施信息加上在运行过程中的日常维护和监测信息录入等,使得管廊系统的整个工程信息量巨大,因此要借助 BIM 工具的优势进行信息的高效集成和管理,在 BIM 技术的基础上,提出开发城市地下综合管廊管理平台。

该平台的功能需求总结如下:

(1)信息的实时采集。通过管廊内监控系统(见图 8.4)对廊内主体结构、运行管线和各类专业附属设备进行信息及参数采集；在日常作业管理中借助巡检人员、维修人员、成本管理人员、合同管理人员等工作及时地上传更新相关信息。同时 BIM 模型的信息也要随着管廊的检修和维护进行及时的信息更新。

（2）信息的有效集成和分配。城市综合管廊涉及的专业管线单位较多，以管廊运维阶段为例，除管廊运维单位之外还有诸如多种管线方。运维管理单位负责对管廊主体结构和公共内外部环境进行综合管理控制，专业管线单位负责对各负责专业管线进行运行管理。部门之间存在从属于本单位的专业信息的同时，也要做到部分相关信息的共享，既不能因为管廊结构状态和公共环境影响各专业管线的正常运转，也不能因为某个专业管线的故障影响管廊整体的正常运行。因此，管廊信息应该在运营管理单位和各专业单位之间能合理地进行集成和分配，平衡不同单位之间数据信息的共享性和保密性。

（3）可视化的信息管理。实现管廊信息可视化表达，不仅是要展示出三维的空间位置，同时还要实现对管廊内附属设备/管线的运行状态、成本控制状态、合同纠纷状态、能耗状态等信息的可视化展示，同时能够实现管廊内设备/管线的基本信息的快速查询，多方信息的整合输入，便于管理者对管廊信息进行实时掌握，对管廊各个部位的运行状况有清晰准确的了解。管廊可视化监控系统如图 8.5 所示。

（4）预案化应急事件闭环管理。独创规则化、预案化应急事件管理模式，事发时能够快速生成可操作性强、可直接使用的应急预案，引导操作员有序处置；通过应急事件的闭环管理，提高管廊风险应对能力。依靠城市地下综合管廊环境监控系统和感应设备准确实时获取管廊内的温度、湿度、含氧量等环境参数，依据设计的各指标阈值对管廊内环境安全进行安全报警；依靠设备监控系统及时收集设备运行状况并评估其安全状态，对管廊内易发生的水管爆管和火灾等风险进行动态监测和报警[35]。一旦发生设备故障或其他灾害，管理人员能够通过该管理平台及时掌握事故地点的详细状况，包括事故位置、灾害程度、事故点设备信息、相关对应维修人员和维护单位等，并制定应急措施。管廊监测预警系统如图 8.6 所示。

（5）基于移动终端的信息互动运维。结合移动智能终端开发管廊 APP 应用，实现管廊内信息互动运维及全流程监管，提高管廊运维管理效率的同时，解决管廊内运维状态不掌握、运维环节缺监督、运维质量难评价的行业难题。

8.2.2   信息化平台基本功能定位

使用 BIM 应用程序与物联网、GIS 等智能技术集成，将管廊项目的规划阶段、设计阶段、施工阶段以及后期运营和维护阶段的资料集成到同一信息管理平台中（见图 8.7），并将诸如消防系统、通信系统、指挥系统和环境设备通过运维平台数据库实现动态监控，不仅可以解决项目中设备控制的问题，而且可以在

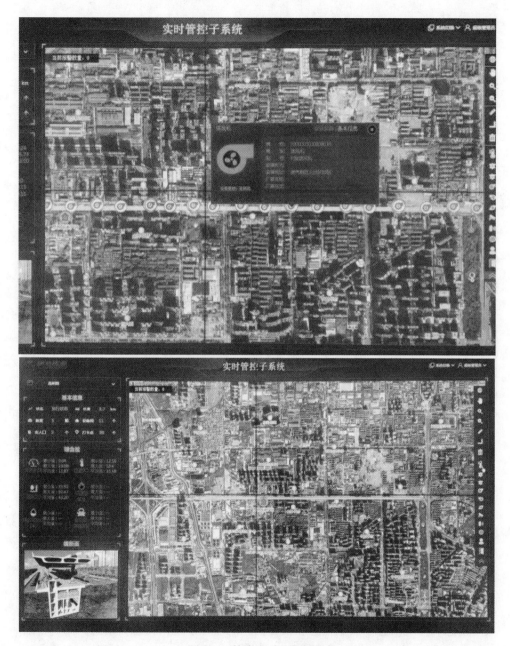

图 8.4 管廊实时监控系统

整个工程生命周期内与各管线单位和有关部门共享建设信息，同时将地下综合管廊的内部信息实时转换为数据反馈给用户平台，为工程建设、管廊的安全控制、预警和运营决策提供可靠的支持和依据。

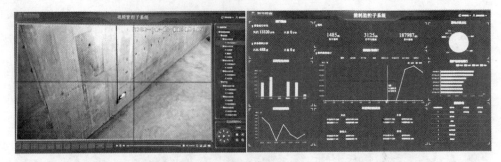

图 8.5   管廊可视化监控系统

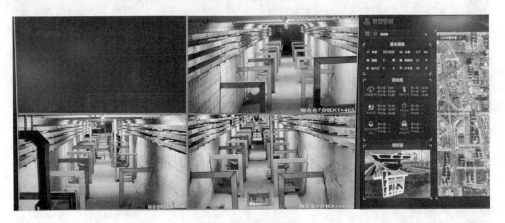

8.6   管廊监测预警系统

8.2.2.1   管廊 BIM 模型构建

通过管廊设计单位、施工方和管线公司获取所建综合管廊建筑模型、结构模型、内部设备模型、入廊管线模型基本参数，利用 Revit Architecture 和 MEP 等建模软件搭建包含城市地下综合管廊廊体结构及内部设备/管线的 3D 模型，同时将设备/管线的基本信息、空间位置参数、运转功能参数、维护历史信息、成本信息、合同信息等添加到对应的设备/管线的属性中，并在对应位置输入包括城市灾害信息、环境信息、安全信息和设备信息的监控系统内传感器信息。

BIM 模型旨在为城市综合管廊的运营和维护提供一个可视化的管理平台，如图 8.8 所示，其特点是三维表达，运营和维护工程师不仅可以直接查看管廊的内部情况，而且管道故障的位置便于工程师定位和查看，此外，3D 模型组件还可以提供每个管道的详细参数和数据快速咨询通道，同时可以根据管道的运行情况制定定期检查计划。每次检查后，可以将相关管道的维护信息及时更新到 BIM 模

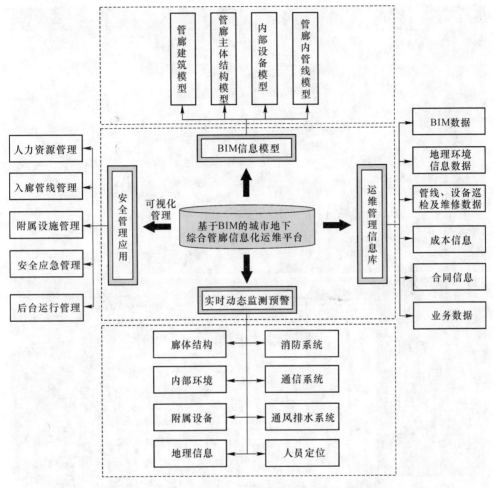

图 8.7 基于 BIM 的管廊信息化管理平台构建模型

型中，以便为后来的运营和维护人员提供真实的历史信息和数据，确保将来管廊在设计寿命期内的安全运行。

8.2.2.2 运维管理数据库构建

管廊和设备/管线的安全信息、成本信息、合同信息和管理方信息等基本信息模块构成了运维管理数据库，同时依据信息化平台监控和人工巡检，在管廊运维阶段，维修人员、巡检人员、成本管理人员和合同管理人员等经系统授权之后可以通过管廊信息数据库进行信息的查阅、录入、更新、删除、实时监控管廊内的各项指标等操作[35]。

其中，管廊中的安全信息主要是通过监视系统收集的，该监视系统将收集到

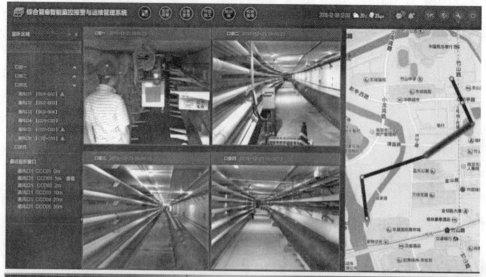

图 8.8   管廊运维信息化管理平台

的各指标上传到管廊的信息数据库中。管廊信息数据库是基于 BIM 的管廊运维管理系统的核心模块，储存着管廊、设备/管线和各专业单位管理人员等必要的信息，该数据库与 BIM 平台能够进行信息的交互和共享，运维阶段的各项信息均可通过管廊信息数据库导入 BIM 管理平台，BIM 管理平台的信息也可以及时导入数据库进行统计和整理。

8.2.2.3 可视化管理

BIM 提供了可以让管理人员形象、直观、清晰地掌握管廊内部结构和设备相关情况的可视化管理平台，如图 8.9 所示。与管廊内监控系统集成能够展现更加丰富多元的信息，管理人员能够借助监控系统和 BIM 模型将需要采取维护措施的结构或者设施的位置、材料、施工方法等信息对应起来。3D 可视化模型降低了工作人员对图纸的分析理解门槛，信息化管理平台的可视化管理特性帮助管廊管理人员快速清楚地了解项目内部设施的位置和运行状态等信息，能够极大提高管理的效率。

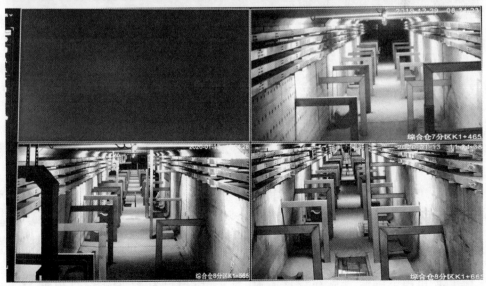

图 8.9 可视化的管理平台

8.2.2.4　动态监测预警

　　管廊主体结构具有地下隐蔽性，且内部管线多危险系数较高，这两个特性共同决定了管廊在建设全过程中的安全风险特征，如何安全有效地监测管廊风险状态，实现预防预控是重中之重。城市地下综合管廊监测预警工作流程如图 8.10 所示，与 BIM 信息模型相结合，利用物联网技术在管廊内部设置传感器系统，管廊的实时状况就会转化成可传输的数据传回控制终端，管理者将在第一时间获取动态的管线运行数据，对廊内各个部位实时管控。同时，监测到的管线实时动态监测数据与管理系统中的管线运行安全参数数据等进行比对，当发现管线运行数据异常，系统自动报警并精确定位管道的位置。例如，高风险的天然气管道通常放置在一个单独的舱内，监控设施安装在管道的相应位置，可以及时收集、分析和比较天然气管道中的运行数据，从而对影响其运行状态的参数进行合理控制，以有效实现天然气管道运行的数据及其他数据在安全范围内，在一定程度上保证了天然气等的安全，降低具有较高危险因子系数的运行管道的事故发生的风险。在给水管道和排水系统中，通过智能监控工具（例如水流量和分析、数据库中数据的比较和优化），可以在暴雨等恶劣天气下相应地选择管道的开启和关闭，以便确保供水流畅和管道的承载能力在安全范围内，减少发生管道排水不良、管道破损和城市用水停滞等现象的发生。

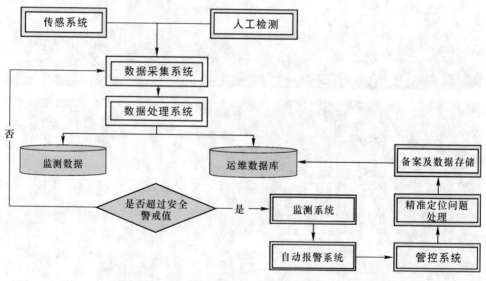

图 8.10　城市地下综合管廊监测预警工作流程

8.2.3　总体架构设计

　　以城市地下综合管廊在设计阶段、施工阶段已有的 BIM 信息模型为基础，通过安装传感器、监控监视设备等技术，获取运维管理所需的数据信息，利用互联网、物联网等技术，集成于统一的管理平台中，将前期设计、施工阶段已有的 BIM 信息与后期运维信息进行整合，加载于已有的 BIM 模型中，为后续实现该系统相应的功能搭建基础和平台。系统架构设计基本思路如图 8.11 所示。

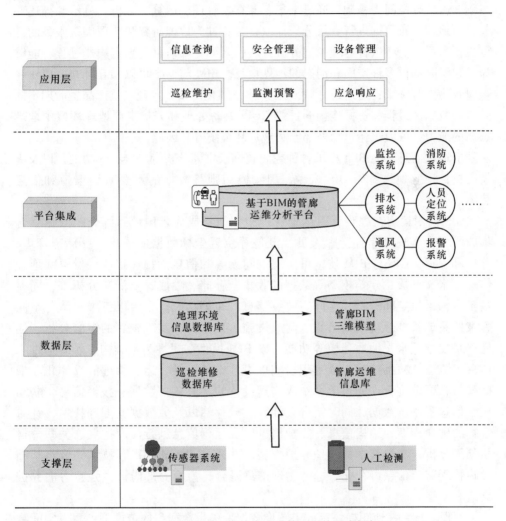

图 8.11　基于 BIM 的管廊运维管理系统基本框架

8.2.4　关键技术介绍

　　城市地下综合管廊安全管理周期长，难点多，安全性要求高，因此安全管理的首要任务是保障综合管廊稳定、安全地运行。智能信息化的综合管廊安全管理技术能够提高运维质量和效率，降低风险成本和故障率。

8.2.4.1 GIS 与三维可视技术

A GIS 技术

GIS 技术（geographic information systems，地理信息系统）是多种学科交叉的产物，以地理空间为基础，通过采集、储存、管理、运算、分析、显示和描述环节，对地理分布数据进行有效分析提取，是一种为地理研究和地理决策服务的计算机技术系统。将这种地理模型分析方法引入到管廊信息化平台构建过程，能够为平台实时提供多种空间和动态的地理信息。BIM 与 GIS 可以相互补充：BIM 注重建筑物微观领域，通过设计 BIM 的单体精细化模型，实现建筑产品生命期不同阶段的数据、过程和资源连接的目的。GIS 具备处理和分析宏观地理环境中地理数据的能力，致力于建筑物外部宏观地理环境统筹。因此，三维 GIS 可基于周边宏观的地理信息，为 BIM 提供各种空间查询及空间分析等三维 GIS 功能，以及决策支持；相应地，对于 GIS 来说，BIM 模型则是数据的重要来源渠道和信息载体。

GIS 技术运用在综合管廊运维管理中，能够成为各区域管廊全线数据整合集成平台，实现对综合管廊人员、设备等位置坐标数据的采集、存储、管理、分析和表达。GIS 与 BIM 技术可实现空间无缝和信息无损连接，提供空间地理信息、水文地质、建筑模型等数据的收集、存储、集成、查询、分析等，同时基于数据提供空间分析、空间定位、信息发布等功能。平台以三维一体化空间为载体集成管廊环境质量参数、附属设施监控信息，实现管廊的爆管分析、巡检路径规划、水文地质建模等功能，以 BIM 模型和属性为基础构建管廊运维工作管理流程，精细控制运维过程，实现设施设备运维、运营管理的一体化。根据智慧管廊综合管理的需求，集成物理设备的实时监控数据、报警信息、联动控制信息等动态数据，同时结合云计算、云存储以及大数据挖掘等技术，针对管廊的生命周期、结构信息、养护信息以及运行信息进行深度挖掘、关联分析与预测分析，建立管廊的管理养护模型，并通过"BIM+GIS"技术集成将基础设施物理监测信息可视化，进行物理信息融合，为管养部门提供强有力的养护决策和支持。

地理信息系统地图模块集成了图像数据、矢量数据和构造模型，并以空间物理信息数据资源三维库为基础，显示地理构造信息，位置分布、道路、设施和环境信息，为管理人员提供可视化的构造服务。可视化可提高工作精度，促进施工、场地、设施设备的科学管理。在 3D GIS 场景中放入 BIM 模型，通过三维 GIS 虚拟再现管廊周边建设物、管网系统及其他设备，在三维场景中实现场景的漫游、查询、统计以及多种空间分析等功能，见图 8.12。

图 8.12　综合管廊 VR 漫游

B　三维可视技术

城市地下综合管廊的三维可视技术，是以管廊的各项相关信息数据作为模型的基础，进行建筑模型的建立，通过数字信息仿真模拟建筑物所具有的真实信息。借助参数模型整合各种项目所具有的真实信息，并在项目全生命周期过程中为各利益相关方提供信息协同、共享和传递，具有可视化、协调性、模拟性、优越性和可出图性五大特点。三维可视化管廊运维管理，能够充分利用三维模型优越的可视化空间展示力，以模型为载体，在应用过程中不断地更新建筑信息数据库，提高建筑信息集成化，为项目各方协同合作提供了平台[34]。

在运维管理中引入三维可视化技术，不仅可以满足用户的基本需求，增加投资收益，还可以实现设计、施工以及运维信息的交换、流转，提高信息的延续性，为各利益相关方提供便利的管理平台，以提高施工和维护管理的效率[34]。

8.2.4.2　物联网技术

1991 年，美国麻省理工的 Kevin 教授首次提出物联网（the internet of things）的概念，是指通过信息传感设备如红外传感器、气体传感器、射频识别设备，按约定的协议，将物体与网络相连接，创建一个巨大的互联网络，为需要监控、交互以及相互连接的对象和网络提供实时信息数据，物体通过信息传播媒介进行信息交换和通信，以实现智能化识别、定位、跟踪、监管等功能，最后利用云计算等智能计算技术，对海量数据信息进行分析和处理，从而对物体实施智能化控制。

物联网并不等同于传感器这么简单，它涉及互联网、物联网和高敏传感等许多核心技术，包含了三个主要层次：感知层、网络层和应用层。对地下综合管廊而言，在前期规划、设计、建设和运营维护过程中，对地下综合管廊的智能化建设提供了技术上强有力的支撑。根据物联网的特点，感知层应当包含摄像头、

RFID、传感器、监测设备等。网络层包含基础网络系统、有线通信系统、无线通信系统等。应用层通过监控主机和相应的预警分析软件，将综合管廊的实时信息进行分析、研判、管理[36]。BIM 与物联网技术在智慧运维中缺一不可，缺少物联网技术，运维只是依靠人为的简单操控，无法形成统一高效的管理平台，缺少 BIM 技术，构筑物相关数据就无法在运维管理中相互关联，也无法系统考虑周边环境状况。

8.2.4.3　云计算技术

现代社会科学技术的发展和互联网时代的来临，管廊的建设呈爆炸式增长，其运维管理的数据量和信息量也随之快速增长。在综合管廊运维体系内有着海量的数据需要得到实时处理。云计算的核心思想是通过一定的算法将拆分后的任务分配给合适的计算节点进行处理。云计算技术作为一种处理海量数据的新方法新理念，必将成为管廊运维产业发展的支撑技术之一。

基于云计算的城市地下综合管廊运营管理系统构建的核心思想，是将以物联网技术为基础的管廊综合监控系统移植到云平台上。此时，将综合管廊主体及附属设施信息数字化存储于云平台，并采用 GIS 技术和 BIM 技术实现对上述数据的整合，建立统一的综合管廊运营管理云平台门户，用户可通过台式电脑、智能手机或者平板电脑等移动设备实现综合管廊运营过程的实时实地监控。

8.3　管廊安全风险管理系统数据库构建

8.3.1　数据库需求分析

管廊数据库可以为管廊管理者提供管理信息，信息集成的最终目的是及时更新 BIM 模型并为管理团队提供可视化的有效信息依据。数据库可以实现对管廊的基础信息管理、安全管理、运行维护管理、成本管理、合同管理等。设备和管线信息的全方位、多角度运用，让信息的交流和共享更加便捷和高效。其中，基础信息是指安装在管廊内的设备/管道的基本属性，包括名称、规格、编号等信息；运行维护信息是指设备运行维护过程中产生的信息，涉及维修记录、运行状态记录等信息；合同信息是指已完工设备合同的相关信息，包含合同名称、合同单位、合同价值、付款方式等；成本信息是指设备运行维护过程中产生的成本和折旧信息，包括采购成本、维护成本等；安全信息主要依靠管廊监控系统获取；管理信息是指各参与方的管理人员的信息。使用运维管理平台，以上信息共同构成设备运维管理中需要管理的信息内容。

8.3.2 数据库设计

城市地下综合管廊运维管理系统的主要数据包括：

（1）传感器数据。

数据类型	传感器数据
数据内容	包括管廊内的消防系统、安防系统、设备环境监测系统、通信系统等采集到的各类型数据信息
数据来源	管廊内各种传感器的自动数据采集
采集方式	自动采集
数据更新	自动更新

（2）GIS 地理信息数据。

数据类型	GIS 地理信息数据
数据内容	包括二维地图、三维地图等
数据来源	GIS 数据中的基础底图数据，共享云平台的底图数据；二维模型数据、三维模型数据等，均通过信息搜集（测量）、人工录入来获取
采集方式	底图可采用定期同步更新方式；其他信息采用人工录入
数据更新	自动更新

（3）BIM 对象数据。

数据类型	BIM 对象数据
数据内容	包括管廊主体结构 BIM 模型、管线 BIM 模型、管廊附属设施 BIM 模型[36]
数据来源	BIM 数据通过数据建模，建立管廊主体 BIM 模型、管线 BIM 模型、管廊附属设施 BIM 模型，并对模型基础数据进行关联
采集方式	人工录入
数据更新	模型更新在不同的项目阶段，进行人工更新；模型对象部分数据由业务系统根据业务流程进行更新

（4）业务系统数据。

数据类型	业务系统数据
数据内容	包括规划、施工、运维等应用系统所产生的数据
数据来源	业务系统数据主要在系统运行后，通过用户输入、流程计算、分析统计等形成
采集方式	人工录入
数据更新	自动更新

（5）系统管理数据。

数据类型	系统管理数据
数据内容	包括用户管理数据、系统安全和网络管理数据等[36]
数据来源	主要在系统开发建设过程中进行创建
采集方式	用户管理数据根据管理流程进行调整和输入；网络和安全管理数据采用简单网络管理协议自动采集
数据更新	用户数据根据管理流程自动更新；网络和安全管理数据自动更新

8.4　不足与展望

通过在管廊项目中运用 BIM 技术，协助项目施工，较好地达到了项目 BIM 施工应用目标，提高了施工管理水平和协同效率，但在实际应用过程中也还存在着一些问题：

（1）施工相关企业、部门 BIM 专业技术人才较缺乏，相关专业负责人、施工人员对 BIM 了解不够，工作模式还未向新技术作出转变，影响了 BIM 技术在施工过程中的应用深度和广度。

（2）BIM 技术在管廊项目中的研究和开发水平不足，距离发达国家成熟的、广泛化的应用程度还有较大差距。国内各个 BIM 模型应用软件相互间的成果数据难以相互兼容，实际应用过程中易产生问题，影响使用和沟通效率。

（3）现有以 BIM 技术为依托建立的管廊运维管理系统平台，较少关注管廊主体结构的健康监测及预警。结构破坏是威胁管廊安全运营的重大安全隐患，因此应在现有成果的基础上探索以 BIM 模型为载体，通过物联设备及网络传输手段，实现实时监测、监测分析、报警查询、质量评估等功能。通过应变监测、荷载监测等数据信息，监测工程结构使用状态及其发展趋势，使结构实时处于可知和可控的状态，当相关监测数据发生异常时，系统自动发送警示消息。技术人员可针对性地对异常区域进行检查，寻找可能的事故隐患，快速排除故障维持正常运行。

参 考 文 献

［1］上海市政工程设计研究总院（集团）有限公司，同济大学. GB 50838-2015 城市综合管廊工程技术规范［S］. 北京：中国计划出版社，2015.

［2］张竹村. 国内外城市地下综合管廊管理与发展研究［J］. 建设科技，2018（24）：42~52，59.

［3］宋定. PPP 模式下公共管廊运营管理研究［D］. 北京：北京建筑大学，2014.

［4］王文杏. 综合管廊建设与管理的政策体系研究［D］. 西安：西安建筑科技大学，2017.

［5］赵雪婷. 综合管廊全寿命周期风险及应对策略研究［D］. 西安：西安建筑科技大学，2017.

［6］付雅文. PPP 模式下城市地下综合管廊项目风险预警研究［D］. 杭州：浙江大学，2017.

［7］吴超，罗江辉. 建设单位施工安全管理模式综合分析［J］. 建筑安全，2018，33（8）：50~52.

［8］任碧琦. A 公司 XX 地块项目设计风险管理研究［D］. 杭州：浙江工业大学，2017.

［9］温健. 工程地质勘察质量风险研究［D］. 北京：清华大学，2013.

［10］王慧. 地铁施工中人-环安全风险因素耦合作用研究［D］. 西安：西安工业大学，2018.

［11］徐涛. 多因素耦合作用下的水下隧道盾构施工安全风险控制研究［D］. 重庆：重庆大学，2016.

［12］刘清，单聪聪，韩丹丹，等. 长江干线宜昌段船舶通航风险耦合研究［J］. 安全与环境学报，2018，18（3）：825~830.

［13］赵玉苗，卢卫军，张兴民，等. 城市地下综合管廊的施工安全风险评价［J］. 居舍，2019（2）：80.

［14］张志清，王文周. 基于 WBS-RBS 矩阵的项目风险识别方法的改进及应用［J］. 项目管理技术，2010，8（4）：74~78.

［15］陈伟珂. 地铁施工灾害预警系统的研究［D］. 天津：天津大学，2014.

［16］方立凤. 地铁明挖法施工过程社会稳定风险研究［D］. 天津：天津大学，2018.

［17］刘向艺. 浅埋暗挖隧道施工对邻近桥梁桩基的影响及防护研究［D］. 西安：西安科技大学，2018.

［18］张方. 邻近既有地铁的深基坑施工安全风险评估与预测研究［D］. 西安：西安建筑科技大学，2017.

［19］姜雯. 基于可拓层次分析法的石化企业重大危险源安全评估研究［D］. 天津：天津工业大学，2018.

［20］邓宇. 城市地下工程施工安全风险评价研究［D］. 武汉：武汉理工大学，2018.

［21］姜雯，宋文华，刘阳. 基于可拓层次分析法的石化企业重大危险源安全评估［J］. 南开大学学报（自然科学版），2018，51（2）：92~100.

［22］Xu Yabin, Shi Yunmei, Liu Xuhong. Network Behavior Perception Based on Improved BP ANN［J］. Energy Procedia, 2015, Vol. 13, pp. 124~130.

［23］李芊，段雯，许高强. 基于 DEMATEL 的综合管廊运维管理风险因素研究［J］. 隧道建

设（中英文），2019，39（1）：31～39

[24] 宋雨欣．基于 TOPSIS 和贝叶斯网络的高速铁路客运站安全评价及风险管控研究［D］．北京：北京交通大学，2018．

[25] 李宏远．城市地下综合管廊运维安全风险管理研究［D］．北京：北京建筑大学，2019．

[26] 李江飞．基于贝叶斯网络的地铁项目施工风险评价研究［D］．哈尔滨：哈尔滨工业大学，2013．

[27] 吴贤国，丁保军，张立茂，等．基于贝叶斯网络的地铁施工风险管理研究［J］．中国安全科学学报，2014，24（1）：84～89．

[28] 吴小艳．构建全面的武汉城市综合管廊管理制度对策研究［J］．中国管理信息化，2020，23（6）：197～198．

[29] 栗鹏．基于 BIM 的城市地下综合管廊全生命周期管理研究［D］．郑州：郑州航空工业管理学院，2019．

[30] 陈婉玲．基于 BIM 的城市综合管廊规划阶段平台架构设计［J］．上海建设科技，2019（2）：28～31．

[31] 唐梦聪．BIM 技术在长春综合管廊设计和施工中的应用研究［D］．长春：吉林建筑大学，2018．

[32] 宋雅璇，刘榕，陈侃．"BIM+"技术在综合管廊运维管理阶段应用研究［J］．工程管理学报，2019，33（3）：81～86．

[33] 李芊，许高强，韦海民．基于 BIM 的综合管廊运维管理系统研究［J］．地下空间与工程学报，2018，14（2）：287～292．

[34] 刘军．基于 BIM 与物联网的加油站运维集成管理研究［D］．南宁：广西大学，2017．

[35] 殷宪飞．BIM 技术在城市综合管廊运营维护阶段的应用研究［D］．哈尔滨：哈尔滨工业大学，2017．

[36] 彭亮．基于 BIM 的地下综合管廊信息管理系统的设计与实现［D］．南宁：广西大学，2018．

冶金工业出版社部分图书推荐

书　名	作　者	定价(元)
冶金建设工程	李慧民　主编	35.00
土木工程安全检测、鉴定、加固修复案例分析	孟　海　等著	68.00
历史老城区保护传承规划设计	李　勤　等著	79.00
老旧街区绿色重构安全规划	李　勤　等著	99.00
岩土工程测试技术（第2版）（本科教材）	沈　扬　主编	68.50
现代建筑设备工程（第2版）（本科教材）	郑庆红　等编	59.00
土木工程材料（第2版）（本科教材）	廖国胜　主编	43.00
混凝土及砌体结构（本科教材）	王社良　主编	41.00
工程结构抗震（本科教材）	王社良　主编	45.00
工程地质学（本科教材）	张　荫　主编	32.00
建筑结构（本科教材）	高向玲　编著	39.00
建设工程监理概论（本科教材）	杨会东　主编	33.00
土力学地基基础（本科教材）	韩晓雷　主编	36.00
建筑安装工程造价（本科教材）	肖作义　主编	45.00
高层建筑结构设计（第2版）（本科教材）	谭文辉　主编	39.00
土木工程施工组织（本科教材）	蒋红妍　主编	26.00
施工企业会计（第2版）（国规教材）	朱宾梅　主编	46.00
工程荷载与可靠度设计原理（本科教材）	郝圣旺　主编	28.00
流体力学及输配管网（本科教材）	马庆元　主编	49.00
土木工程概论（第2版）（本科教材）	胡长明　主编	32.00
土力学与基础工程（本科教材）	冯志焱　主编	28.00
建筑装饰工程概预算（本科教材）	卢成江　主编	32.00
建筑施工实训指南（本科教材）	韩玉文　主编	28.00
支挡结构设计（本科教材）	汪班桥　主编	30.00
建筑概论（本科教材）	张　亮　主编	35.00
Soil Mechanics（土力学）（本科教材）	缪林昌　主编	25.00
SAP2000结构工程案例分析	陈昌宏　主编	25.00
理论力学（本科教材）	刘俊卿　主编	35.00
岩石力学（高职高专教材）	杨建中　主编	26.00
建筑设备（高职高专教材）	郑敏丽　主编	25.00
岩土材料的环境效应	陈四利　等编著	26.00
建筑施工企业安全评价操作实务	张　超　主编	56.00
现行冶金工程施工标准汇编（上册）		248.00
现行冶金工程施工标准汇编（下册）		248.00